プロが教える！

Premiere Pro

デジタル映像編集講座

CC 対応

SHIN-YU

川原健太郎・鈴木成治・月足直人

Adobe Creative Cloud、Adobe Premiere Pro、Adobe After Effects、Adobe Media Encoder、Adobe Photoshop、Adobe Illustrator、
Adobe Typekit はアドビシステムズ社の商標です。
Windows は米国 Microsoft Corporation の米国およびその他の国における登録商標です。
Mac、OS X、macOS は米国 Apple Inc. の商標または登録商標です。
その他の会社名、商品名は関係各社の商標または登録商標であることを明記して本文中での表記を省略させていただきます。
本書に掲載されている説明およびサンプルを使用して得られた結果について、筆者および株式会社ソーテック社は一切責任を負いま
せん。個人の責任の範囲内にて実行してください。
また、本書の制作にあたり、正確な記述に努めていますが、内容に誤りや不正確な記述がある場合も、当社は一切責任を負いません。
本書の内容は執筆時点においての情報であり、予告なく内容が変更されることがあります。また、システム環境、ハードウェア環境
によっては本書どおりに動作および操作できない場合がありますので、ご了承ください。

はじめに

本書を手にとっていただき、ありがとうございます。

Adobe Premiere Proは、現在の映像業界ではたくさんのクリエイターに使用されているソフトです。その理由としては、カット編集から映像加工、音声補正、映像書き出しといった、インプットからアウトプットまでの工程をすべて1つでまかなえるからです。

また、同じAdobe製品のAfter EffectsやPhotoshopなどとも連携しやすく、よりクオリティの高い映像を生み出すことができます。

すべてのソフトを使いこなせれば、ハリウッド映画やTV-CMのような作品も作ることが可能ですが、各ソフトの多彩な機能をマスターするのは、とてもハードです。

そこで本書では、まずPremiere Proのみでプロが行う映像編集のノウハウを解説しています。Premiere Proだけでも高品質な映像を作成することが可能です。

今回は様々なシーンに活用できる映像手法のレシピを用意しました。そして、サンプルファイルを使用して体感できるようになっています。真似して作ることで、自然とPremiere Proが使えるようになると思います。ぜひ、楽しんで実践してください。

また、本書の内容でわかりにくい・伝わりにくい部分などのご意見をいただいたときには、今後ウェブサイトで捕捉やアレンジなどの追加コンテンツを公開する予定です。本書と合わせて、ぜひウェブサイトもチェックしてください。

2018年3月
SHIN-YU

CONTENTS

はじめに………………………………………………………………………………………3

CONTENTS……………………………………………………………………………………4

本書の使い方…………………………………………………………………………………7

サンプルファイルについて…………………………………………………………………8

主に使用するショートカットキー…………………………………………………… 290

INDEX……………………………………………………………………………………… 292

Chapter 1　Premiere Pro 基礎編　映像編集の基本を学ぼう！………………9

- Section1 ▪ 1　Premiere Pro とは？　　　　　　　　　　　　　　　　　　10
- Section1 ▪ 2　本書を読み進める前に準備すること　　　　　　　　　　　12
- Section1 ▪ 3　プロジェクトデータの保存と読み込み　　　　　　　　　　15
- Section1 ▪ 4　1時間でマスターできる映像編集の流れ　　　　　　　　　16

- Section1 ▪ 5　さまざまなツールの使い方　　　　　　　　　　　　　　　41
- Section1 ▪ 6　素材のリンクについて　　　　　　　　　　　　　　　　　48

Chapter 2　Premiere Pro 入門編　情報番組を作ってみよう！………………53

- Section2 ▪ 1　カット編集とインサート編集　　　　　　　　　　　　　　54
- Section2 ▪ 2　基本的な色補正　　　　　　　　　　　　　　　　　　　　72
- Section2 ▪ 3　基本的な音声補正　　　　　　　　　　　　　　　　　　　77
- Section2 ▪ 4　用途に合わせた動画の書き出し　　　　　　　　　　　　　88

Chapter 3　Premiere Pro 中級編　さまざまな動画の制作 ·························· 101

Section3 ▪ 1　インタビュー動画の作り方 ·· 102

Section3 ▪ 2　さまざまなルックス（色調）の作り方 ··· 116

Section3 ▪ 3　インパクトのある画面切り替え ·· 126

Section3 ▪ 4　タイムリマップの作り方 ··· 138

Section3 ▪ 5　手ブレ補正 ··· 144

Section3 ▪ 6　自動モザイクの作り方 ·· 150

Section3 ▪ 7　フリーズフレームを使用した分身動画 ··· 156

Section3 ▪ 8　エンドロールの作り方 ·· 163

Section3 ▪ 9　手書き風タイトルの作り方 ··· 180

Chapter 4　Premiere Pro 上級編　効果的な映像の演出 ……………… 191

Section4 ■ 1　スマホの画面を使ったシーンの切り替え ………………………… 192

Section4 ■ 2　グラフィックの作り方と合成 ……………………………………… 200

Section4 ■ 3　タイトルアニメーションの作り方 ………………………………… 218

Section4 ■ 4　360度VR動画の作り方 …………………………………………… 234

Section4 ■ 5　縦動画の作り方 …………………………………………………… 246

Section4 ■ 6　イラストアニメーションの作り方 ………………………………… 275

本書の使い方

本書は、Premiere Proのビギナーからステップアップを目指すユーザーを対象にしています。
作例の制作を実際に進めることで、Premiere Proの操作やテクニックをマスターすることができます。

●対応バージョンについて

本書は、Windows版のPremiere Pro CCによる操作で解説を進めています。CCには複数のバージョンがありますが、原稿執筆時点の最新バージョンCC 2018（バージョン12.0.1）による解説になります。

●キーボードショートカットについて

キーボードショートカットの記載は、Windows 10の制作環境によるものです。ご自分の使用されている環境（Windows／macOS）に合わせて、キー操作を次のように置き換えて読み進めてください。

ショートカットキーを使用する場合は、【半角英数】モードで入力する必要があります。また、キーボードの設定によって異なる場合もあります。

Windows		macOS
Ctrl キー	↔	⌘（command）キー
Alt キー	↔	option キー
Shift キー	↔	shift キー
Enter キー	↔	return キー

また、巻末に掲載している「主に使用するショートカットキー」（290ページ）も、併せてお役立てください。

●フォントについて

本書では、「Adobe Typekit」にあるフォントを使って作例を行っています。
Premiere Proを「Adobe Creative Cloud」で利用されているユーザーは、無料でインストールできます。

サンプルファイルについて

　本書の解説で使用しているサンプルファイルは、弊社のサポートページからダウンロードすることができます。

　本書の内容をより理解していただくために、作例で使用するPremiere Pro CCのプロジェクトファイル（.prproj）や各種の素材データなどを収録しています。本書の学習用として、本文の内容と合わせてご利用ください。

　なお、権利関係上、配付できないファイルがある場合がございます。あらかじめ、ご了承ください。

　詳細は、弊社ウェブサイトから本書のサポートページをご参照ください。

本書のサポートページ

http://www.sotechsha.co.jp/sp/1200/

解凍のパスワード （英数字モードで入力してください）

pp2018cc

●サンプルファイルの著作権は制作者に帰属し、この著作権は法律によって保護されています。これらのデータは、本書を購入された読者が本書の内容を理解する目的に限り使用することを許可します。営利・非営利にかかわらず、データをそのまま、あるいは加工して配付（インターネットによる公開も含む）、譲渡、貸与することを禁止します。

●サンプルファイルについて、サポートは一切行っておりません。また、収録されているサンプルファイルを使用したことによって、直接もしくは間接的な損害が生じても、ソフトウェアの開発元、サンプルファイルの制作者、著者および株式会社ソーテック社は一切の責任を負いません。あらかじめご了承ください。

Chapter 1

Premiere Pro 基礎編
映像編集の基本を学ぼう！

Chapter 1では、Premiere Proの使い方について紹介します。
ソフトの特徴やインターフェイスを理解して、簡単なカット編集を実践してみましょう！

Chapter 1　Premiere Pro 基礎編　映像編集の基本を学ぼう！

Section 1

Premiere Proとは？

Premiere Proは動画編集ソフトです。最近では映画、TV-CM、Web CM、アニメーションといったプロフェッショナルの映像制作の現場で、Premiere Proは幅広く使われています。
その大きな理由としては、さまざまな媒体に合わせた設定のオフライン編集を組めることや、After Effectsなどの映像加工ソフトの連携もスムーズに行え、Premiere Pro内で映像を完成させることができるからです。本書は、Premiere Proによるビデオ編集の開始から完成までのステップをすべて紹介しています。

Premiere Proは動画加工ソフトではありません

　Premiere Proは、実写映像などのカットをつなげて、作品に仕上げていく動画編集ソフトです。
　Premiere Proだけで精密なグラフィックカットやアニメーションカットを作りたい方もいらっしゃいますが、その表現にはおのずと限界があります。
　この場合には、**Adobe Creative Cloud**に含まれる**After Effects**という動画加工ソフトで制作することをおすすめします。
　こちらは、簡単に言うと**モーショングラフィックス**と**VFX**(ビジュアル・エフェクツ) を制作できるソフトウェアです。
　After Effectsで加工した映像をPremiere Proに読み込み、つなげていくことで、よりクオリティの高い映像を作ることができます。

Premiere Proでできること

　Premiere Proには様々なエフェクトや、画面切り替えのトランジション、高精度のカラー補正ツール、テロップ作成機能、VR編集の機能が備わっています。
　また音声調整についても詳細な設定やエフェクトが備わっています。
　さらにTV、DVD、YouTubeなどのSNS用の動画書き出し設定も豊富に備わっており、作品作りのインプットからアウトプットまですべて行えます。

macOSも共通のインターフェイスです

多様化する映像媒体

　数年前までは主な媒体がテレビだったので、ハイビジョン設定の動画を制作すればよいとされていましたが、最近ではスマホやSNS、デジタルサイネージ、VRといった媒体が増えてきたため、単にハイビジョン編集をすればよいという時代ではなくなってきました。Premiere Proでは、さまざまな媒体に合わせた設定を簡単に設定することができます。

4K（テレビ、ウェブなど）

正方形(Instagramなど)

縦動画（スマホの画面）

360度(VR)

11

Chapter 1　Premiere Pro 基礎編　映像編集の基本を学ぼう！

本書を読み進める前に準備すること

Premiere Proは、数多くの機能を備えたソフトウェアです。そのため、操作画面にはパネル（画面）がたくさんあり、パッと見ただけで難しそうな印象を受けてしまいます。
ここでは、Premiere Proを使う際のインターフェイスの設定について解説します。

01　操作画面をシンプルに設定する

　Premiere Proを起動するとスタートアップメニューが表示されるので**1**、【新規プロジェクト】ボタンをクリックします**2**。
【新規プロジェクト】ダイアログボックス（詳細は、16ページを参照）で**プロジェクト名**と**ファイルを保存する場所**を設定して**3**、【OK】ボタンをクリックすると**4**、Premiere Proのインターフェイスが表示されます（次ページを参照）。

💡 TIPS　プロジェクトファイルの拡張子は「.prproj」

スタートアップメニューで作成したプロジェクトが、これ以降Premiere Proで編集する際に使用するメインファイルになります。絶対に削除しないように気をつけてください。

Section 1-2 本書を読み進める前に準備すること

TIPS ビデオレンダリングおよび再生

使用しているパソコンのビデオカードGPUが高速レンダリング処理に対応している場合は、【ビデオレンダリングおよび再生】の【レンダラー】からレンダリングエンジンを選択できます。

02 インターフェイスについて

本書では、基本的に「**編集**」のワークスペースを使用します。
【ワークスペース】パネルの【編集】をクリックすると、Premiere Proのワークスペースのレイアウトが変化します。

名称	説明
メニューバー 1	Premiere Proに関するコマンドを選択・実行します
【ワークスペース】パネル 2	Premiere Proのワークスペースをワンクリックで切り替えられます
【ソース】モニターグループ 3	ソースファイルの映像が表示されます。エフェクトなども調整できます
【プログラム】モニターパネル 4	編集中の映像が表示されます
【プロジェクト】パネルグループ 5	Premiere Proに読み込んだ映像・音声のファイル、シーケンスやテロップなどを管理します。エフェクトの選択なども設定できます
ツールバー 6	映像ファイルの編集で使用するさまざまなツールが用意されています
【タイムライン】パネル 7	シーケンスを作成して、映像クリップを配置するメインのパネルです
オーディオマスターメーター 8	編集中のオーディオデータの音量を表示します
ステータスバー 9	警告や操作に関するヒントなどを表示します

13

TIPS パネルの拡大・縮小

パネルの上下左右をドラッグすると、パネルを拡大/縮小したり、移動することができます。

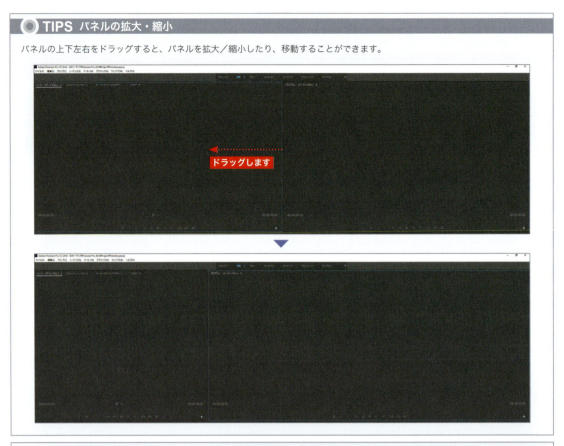

TIPS ワークスペースのリセット

ワークスペースを元の設定に戻したい場合は、【ウィンドウ】メニューの【ワークスペース】にある【保存したレイアウトにリセット】を選択します。

ワークスペースの名称(初期設定)	Windows	macOS
すべてのパネル	Alt + Shift + 1 キー	shift + option + 1 キー
アセンブリ	Alt + Shift + 2 キー	shift + option + 2 キー
エフェクト	Alt + Shift + 3 キー	shift + option + 3 キー
オーディオ	Alt + Shift + 4 キー	shift + option + 4 キー
カラー	Alt + Shift + 5 キー	shift + option + 5 キー
グラフィック	Alt + Shift + 6 キー	shift + option + 6 キー
メタデータ編集	Alt + Shift + 7 キー	shift + option + 7 キー
ライブラリ	Alt + Shift + 8 キー	shift + option + 8 キー
編集	Alt + Shift + 9 キー	shift + option + 9 キー
保存したレイアウトにリセット	Alt + Shift + 0 キー	shift + option + 0 キー

Section 1-3　プロジェクトデータの保存と読み込み

Section 1-3 プロジェクトデータの保存と読み込み

Premiere Proで行った制作作業はいつでも保存して中断することができます。
作業を始める前に、データの保存と読み込み方法を説明します。

01 作業データの保存

　　Premiere Proで編集した作業内容を保存する場合、【ファイル】メニューの【保存】（Ctrl＋S キー）を選択するとプロジェクトファイルが上書き保存されます❶。
また、【ファイル】メニューの【別名で保存】（Ctrl＋Shift＋S キー）を選択すると【プロジェクトを保存】ダイアログボックスが表示され❷、保存する場所の選択とファイル名を入力できます❸。

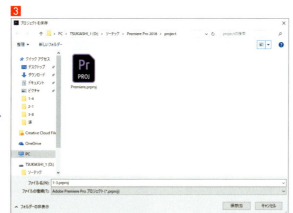

TIPS 最近使用したプロジェクトを開く

Premiere Proの起動後に表示されるスタートアップメニュー（12ページ参照）には、直近の作業を行ったプロジェクトが表示されます。ここからでも、プロジェクトを選択できます。

TIPS 別名で保存する

例えば、ファイル名に日付や時間（**ファイル名_2018_0209.prproj**）などと表記しておくと、編集作業の進捗を管理できます。

02 作業データの読み込み

　　Premiere Proを起動して【ファイル】メニューの【プロジェクトを開く】（Ctrl＋O（オー(アルファベット)）を選択すると❶、【プロジェクトを開く】ダイアログボックスが表示されます❷。
プロジェクトファイルを選択して【OK】ボタンをクリックすると、プロジェクトが開きます。
保存したプロジェクトファイルをダブルクリックしても、プロジェクトを開くことができます。

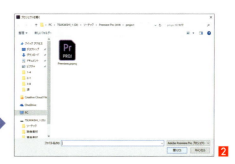

15

Section 1-4 1時間でマスターできる映像編集の流れ

映像編集の流れは、❶【ファイルを読み込む】➡❷【クリップを並べる】➡❸【映像を書き出す】という3つの工程から成り立ちます。実際に行う映像編集の内容によって、❷の工程を凝れば凝るほど、より多くの時間を要することになります。
ここでは、最もシンプルなカット編集だけの解説にとどめて、すべての工程を1時間でマスターしてみましょう。

01 工程❶【ファイルを読み込む】〜新規プロジェクトの作成〜

【ファイル】メニューの【新規】から【プロジェクト】（Ctrl + Alt + Nキー）を選択します❶。
【新規プロジェクト】ダイアログボックスの【名前】と【場所】を設定します。
ここでは【名前：1-4】❷、【場所：デスクトップ】として❸、【OK】ボタンをクリックします❹。

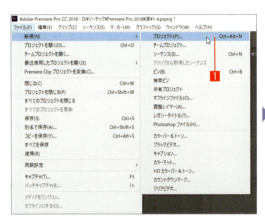

02 工程❶【ファイルを読み込む】〜新規シーケンスの作成〜

【ファイル】メニューの【新規】から【シーケンス】（Ctrl + Nキー）を選択します❶。
【新規シーケンス】ダイアログボックスの【シーケンスプリセット】タブから【AVCHD】➡【1080p】を開き❷、【AVCHD 1080p30】を選択します❸。【シーケンス名】に【edit】と入力して❹、【OK】ボタンをクリックすると❺、タイムラインが開きます。

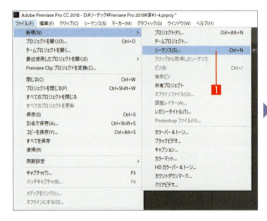

TIPS HD
一般的な動画を編集する場合は、1920×1080ピクセルのHDサイズで制作するのが標準です。

【プロジェクト】パネルに【edit】という名称のシーケンスが作成されます 6 。
タイムラインに撮影した映像データを配置して編集を進めます 7 。

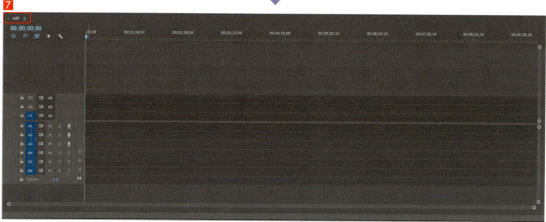

> ● **TIPS** シーケンスとは
>
> 例えば、絵を描く際のキャンバスのようなものをイメージしてください。キャンバスには縦長や横長、正方形などがありますが、映像にも動画を配置するさまざまなサイズのキャンバスを設定することができます。これを「**シーケンス**」と言います。

03 工程❶【ファイルを読み込む】～素材を読み込む～

次に撮影したファイルを読み込みます。【ファイル】メニューの【読み込み】（ Ctrl + I ）を選択すると 1 、【読み込み】ダイアログボックスが表示されます 2 。映像素材が保存されている場所を選択して 3 、ファイルを選択します 4 。
【開く】ボタンをクリックすると 5 、【プロジェクト】パネルに選択した映像ファイルが表示されます（次ページ 6 ）。

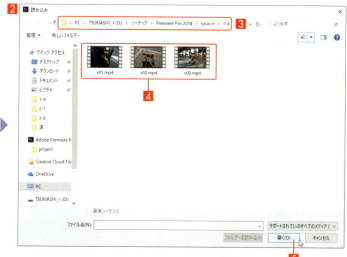

Chapter 1 Premiere Pro 基礎編　映像編集の基本を学ぼう！

04 工程❷【クリップを並べる】～映像クリップをタイムラインに配置する～

【プロジェクト】パネルからクリップを選択して（複数選択できます）、【タイムライン】パネルの中央にドラッグ＆ドロップして配置します❶。配置したクリップに【時間インジケーター】を合わせると❷、【プレビュー】パネルに映像ファイルが表示されます❸。

【時間インジケーター】を進めると❹、【タイムライン】パネルの左上に編集上の時間【00;01;44;25】が表示されています❺。これは、「【時間インジケーター】の現在の位置は、1分44秒25フレームです」ということを示しています。スペースキー、または【再生】ボタン▶をクリックすると、【プログラム】モニターパネルで映像が再生されます（次ページ❻）。

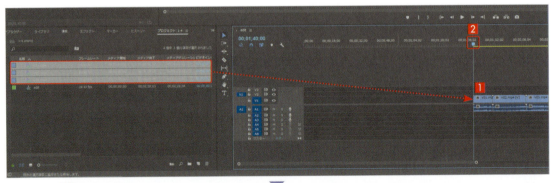

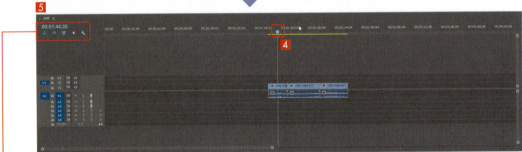

18

Section 1-4　1時間でマスターできる映像編集の流れ

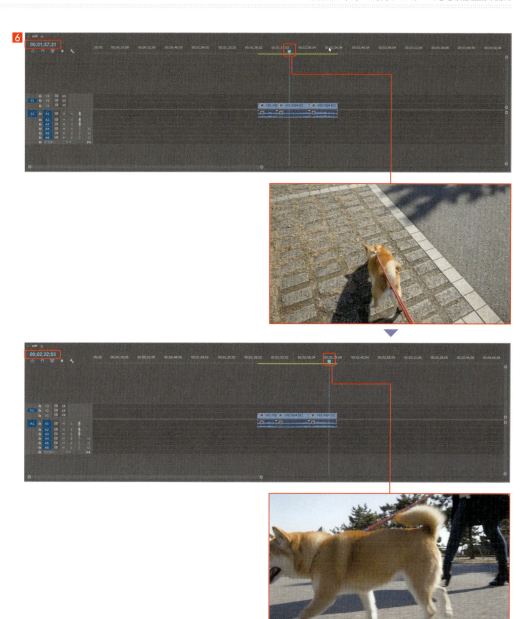

【時間インジケーター】■を【タイムライン】パネルの一番左になる「0秒」の位置に合わせます 5 。ここには、映像クリップが何もないため、プレビューには何も映りません 6 。背景が黒の状態になっています。
つまり、編集上0秒からは映像を配置したところまではずっと黒いままです。

配置したクリップを移動します。映像クリップをドラッグして選択し、【タイムライン】パネルの一番左になる「0秒」に配置すると 7 、0秒から映像が流れるようになります。

> ● TIPS 時間の表示
>
> 映像の時間表示は【時間】【分】【秒】【フレーム】の順番に表示されます。【フレーム】はパラパラ漫画の1コマのようなものです。今回の場合は30pのシーケンスに設定されているので、30フレームで1秒の計算となります。60pのシーケンスの場合は、60フレームで1秒となります。

05 工程❷【クリップを並べる】〜カット編集を進める〜

次に、映像クリップを調整します。映像クリップの使わない個所を調整します。クリップ【v01.mp4】の【00;00;08;10】に【時間インジケーター】を合わせます 1 。

次に、クリップ【v01.mp4】の右端をつまんで左にドラッグすると、クリップが短くなります。【00;00;08;10】の位置まで来たら、カチッと【時間インジケーター】に吸着します 2 。

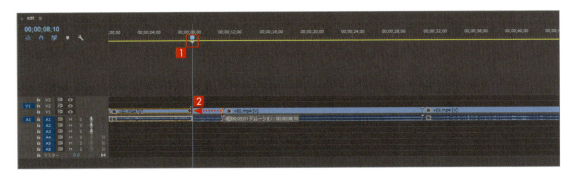

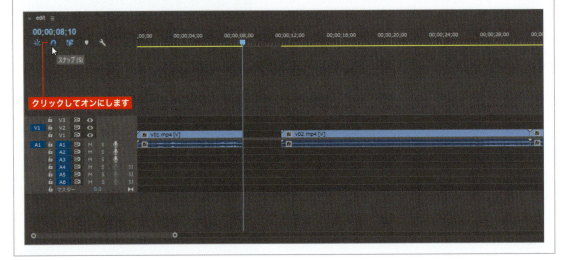

> ● TIPS スナップ機能
>
> 【スナップ】ボタンをクリックしてオンにすると、クリップの端をドラッグしたときにインジケーターや前後にあるクリップの前後でスキマなく接合することができます。

同様に、クリップ【v02.mp4】も調整します。
最初に、クリップ【v02.mp4】を選択して、「カチッ」となるまで左にドラッグし、左に詰めます❸。

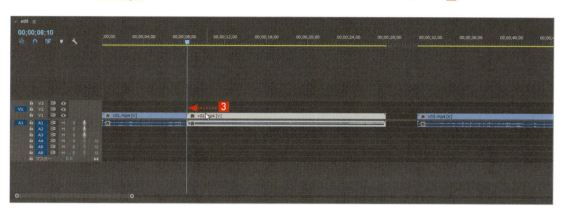

TIPS ギャップ（空白）を埋める

クリップを短くすると、ギャップ（空白）ができます。ギャップの部分で右クリックすると❶、ショートカットメニューに【リップル削除】という項目が表示され❷、選択するとギャップが詰まります❸。

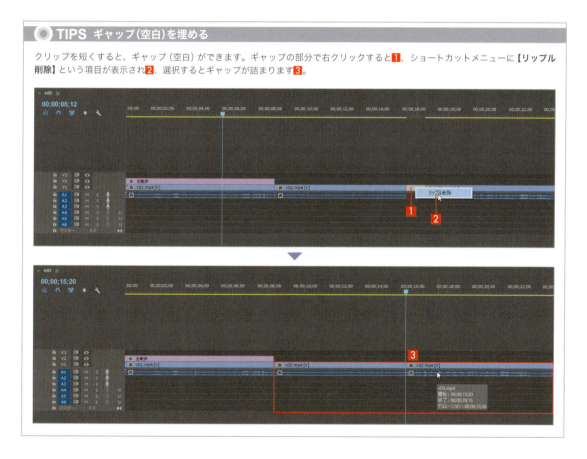

次に【00;00;12;20】に【時間インジケーター】を合わせて❹、クリップ【v02.mp4】の左端を右にドラッグすると❺、クリップ全体が短くなります。

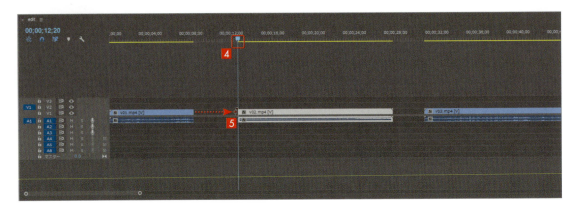

【00;00;20;00】の位置に【時間インジケーター】を合わせて❻、クリップ【v02.mp4】の右端を左にドラッグしてクリップ全体を短くします❼。さらに【v02.mp4】を左詰めします❽。

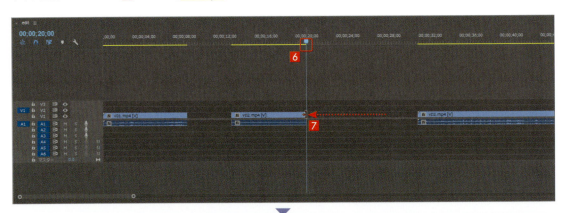

次に、クリップ【v03.mp4】を左詰めします 9 。

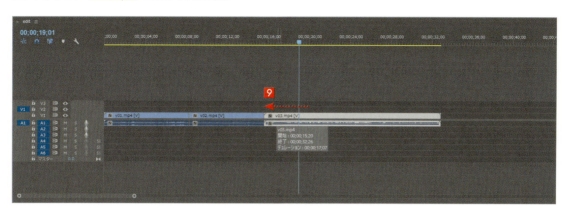

【00;00;19;01】に【時間インジケーター】を合わせて 10 、次はツールバーから【レーザーツール】（Cキー）を選択します 11 。

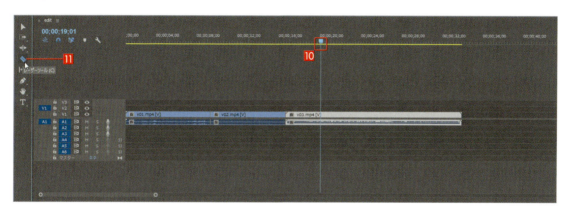

【時間インジケーター】を合わせた部分でクリックすると 12 、クリップ【v03.mp4】が分割されます。

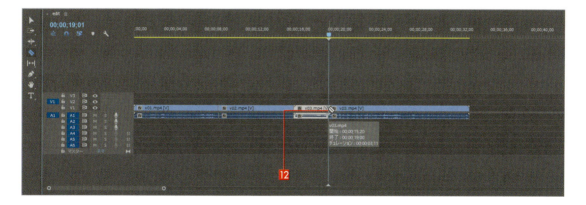

【選択ツール】 ▶ (Vキー) を選択して13、分割した左のクリップをクリックして選択します14。

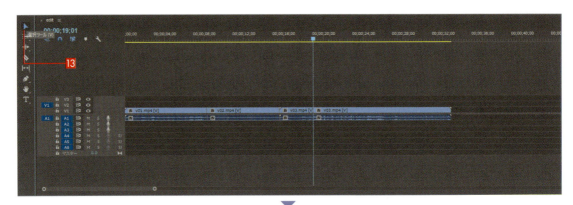

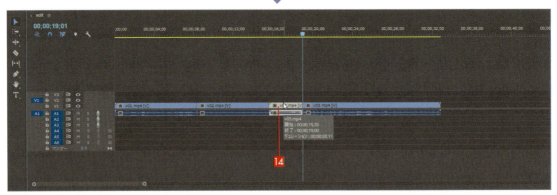

Deleteキーを押すとクリップが削除され15、最後にクリップ【v03.mp4】を左詰めします16。
これが基本的なカット編集です。

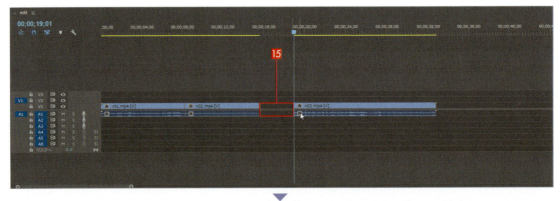

06 工程❷【クリップを並べる】〜テロップを作成する〜

次に、映像の上に配置するテロップを作成します。【時間インジケーター】を【00;00;02;00】に合わせて ❶、ツールバーの【横書き文字ツール】（Tキー）を選択します ❷。

【プレビュー】パネル上でクリックすると文字を入力できる状態になります ❸。
入力すると ❹、【タイムライン】パネルに新しいテロップ用のクリップが表示されます ❺。

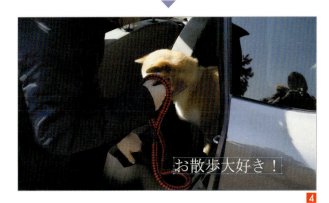

テロップのクリップは、デフォルトで4秒29フレームになります。今回はそのまま使用します。

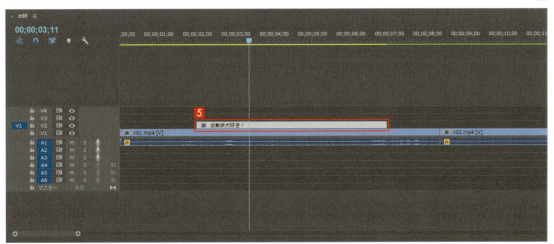

【選択ツール】▶（Vキー）に戻してテロップのクリップを選択し⑥、左上の【エフェクトコントロール】パネル（Shift＋5キー）を選択します⑦。【テキスト（お散歩大好き！）】の項目を展開してフォントを選択します⑧。ここでは、【TBCGothic Std】を選択しました⑨。【プログラム】モニターパネルで確認すると、フォントが変更されています⑩。

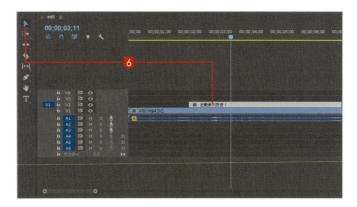

【選択ツール】▶（Vキー）で【プログラム】モニターパネル上のテキストを選択するとアクティブになり、ドラッグするとテキストの位置を変更できます⑪。

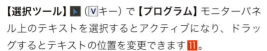

Section 1-4　1時間でマスターできる映像編集の流れ

07　工程❷【クリップを並べる】〜テロップに色を付ける〜

ここでは、色や大きさなど変更します。テキストのクリップを選択して❶、【エフェクトコントロール】パネル（Shift＋5キー）を開きます❷。

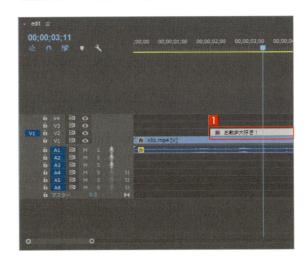

【テキスト】を展開して❸、【ソーステキスト】のゲージを上げると❹、文字が大きくなります❺。
ここでは、【150】に設定しました。

【塗り】のカラーパネルをクリックすると6、【カラーピッカー】ダイアログボックスで文字の塗り（内側）の色を変更できます7。ここでは白のままにして、【OK】ボタンをクリックします8。

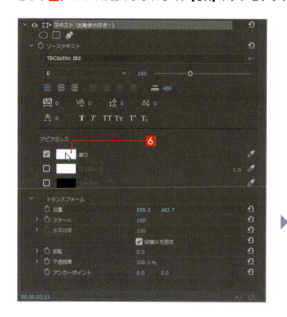

【ストローク】のチェックボックスをチェックしてパネルをクリックし9、【カラーピッカー】ダイアログボックスで文字の線（フチ）に色を付けることができます。ここでは、オレンジ【#FF8400】に変更しました10。

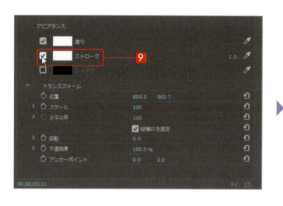

また、【ストローク】の右側にある数値を上げると11、アウトラインの太さを変更できます12。
ここでは、【10】に変更しました。

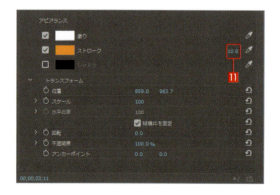

【シャドウ】のチェックボックスをオンにすると13、ドロップシャドウを適用することができます14。

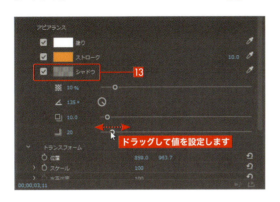

設定項目は、上から【不透明度】【角度】【距離】【ブラー】の順になっています。項目の数値をクリックすると、数値が入力できます。
ここでは、【シャドウ】を白、【不透明度：10%】、【角度：135°】、【距離：5.8】、【ブラー：15】に設定しました15。
これで、色のついたテロップの完成です16。

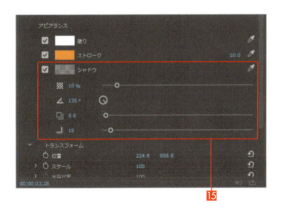

08 工程❷【クリップを並べる】〜クリップにフェードを適用する〜

テキストにフェードインを適用します。【選択ツール】▶（Vキー）でテロップクリップの左端にマウスポインターを合わせて右クリックします❶。ショートカットメニューが表示されるので、【デフォルトのトランジションを適用】を選択すると❷、クリップにフェードインが適用されます。

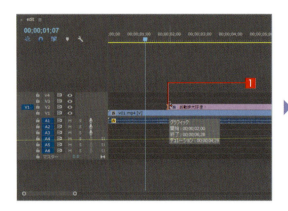 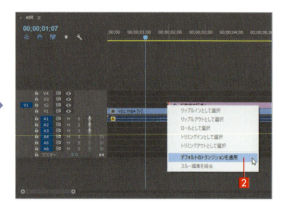

再生すると、フェードインしながらテロップが浮き出てきます。

Preview

同様に、右端にポインターを合わせて右クリックし❸、ショートカットメニューから【デフォルトのトランジションを適用】を選択すると❹、クリップにフェードアウトが適用されます。

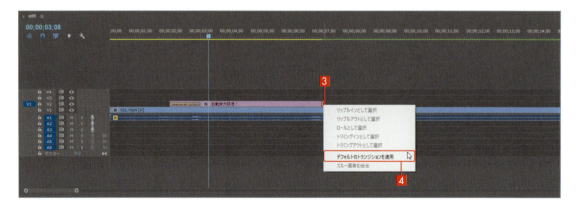

再生すると、フェードアウトしてテロップが消えます。

Preview

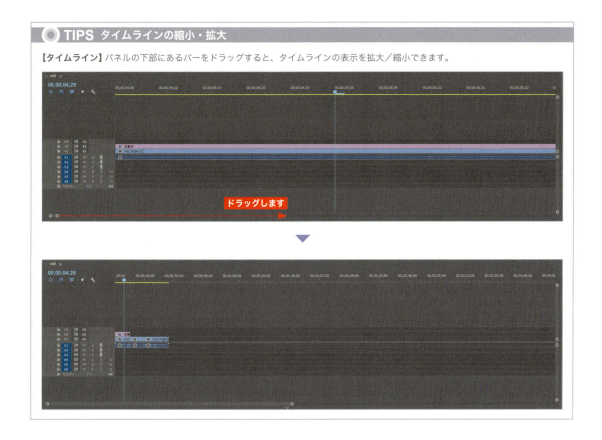

TIPS タイムラインの縮小・拡大

【タイムライン】パネルの下部にあるバーをドラッグすると、タイムラインの表示を拡大／縮小できます。

Chapter 1　Premiere Pro 基礎編　映像編集の基本を学ぼう！

09 工程❷【クリップを並べる】〜音楽を加える〜

最初に映像にある音声をオフにします。クリップ【v01.mp4】を選択して 1 、【エフェクトコントロール】パネル（ Shift + 5 キー）の【オーディオエフェクト】の【ボリューム】にある【レベル】を展開します 2 。
スライダーを一番左にすると 3 、音声がなくなります。

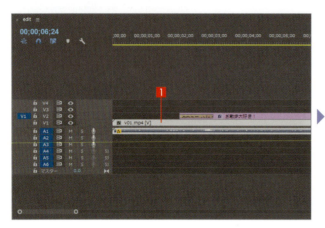

同様に、他のクリップも【レベル】をなしにします 4 5 。

Section 1-4　1時間でマスターできる映像編集の流れ

【ファイル】メニューの【読み込み】（Ctrl+I）を選択して❻、【読み込み】ダイアログボックスで音声ファイル【music01.wav】を選択し❼、【開く】ボタンをクリックすると❽、【プロジェクト】パネルに音楽クリップ【music01.wav】が読み込まれます❾。

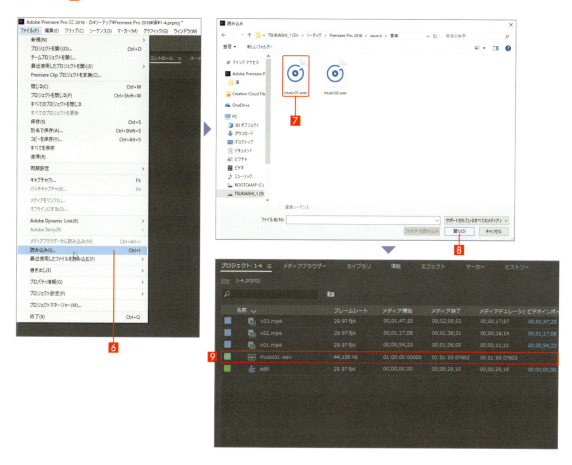

【プロジェクト】パネルに読み込んだ音楽ファイルは、映像クリップと同様に【タイムライン】パネルに配置できます。
【タイムライン】パネル下部に表示されている【A1】トラックより下にある【A2】【A3】…が音声ファイルに使用するトラックですが、【A1】にはカメラで撮影した音声があるので、【A2】トラックに音楽クリップ【music01.wav】を【0秒】の位置に配置します❿。

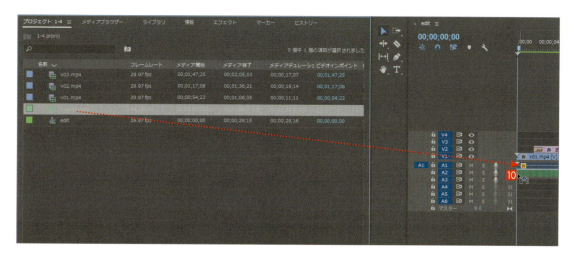

33

飛び出している部分のクリップを左にドラッグして映像クリップの最後まで縮めて⓫、同じ長さになるようにします⓬。

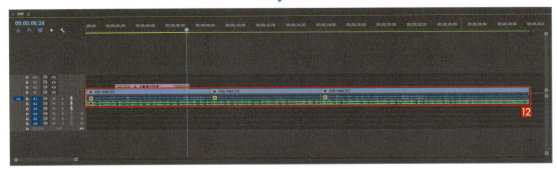

音楽クリップの端を右クリックして⓭、ショートカットメニューから【デフォルトのトランジションを適用】を選択すると⓮、フェードアウトが適用されます。

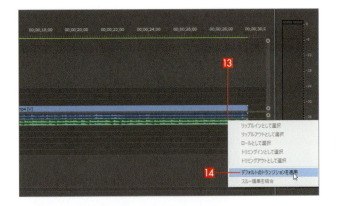

最後に音楽の音量を調整します。音楽クリップを選択して⓯、【エフェクトコントロール】パネル（Shift＋5キー）の【オーディオエフェクト】にある【レベル】を展開し、数値をクリックして【-6】に設定します⓰。

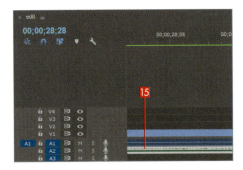

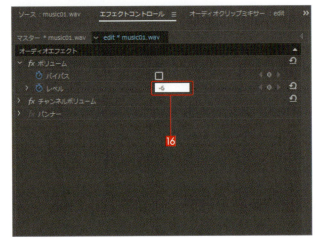

再生すると、「ビデオブログ」作品の完成です。

| Preview |

TIPS 著作権

基本的に、音楽には著作権がありますので、必ず著作権をクリアしたファイルを使用するようにしましょう。もちろん、映像にも肖像権や著作権がありますので、注意してください。

10 工程❷【クリップを並べる】〜レンダリングを実行する〜

現在、【タイムライン】パネルの上部にある「**レンダリングバー**」が黄色で表示されています **1**。この状態は、映像をきれいにする「**レンダリング**」という作業が必要なことを表しています。【シーケンス】メニューの【**インからアウトをレンダリング**】を選択すると **2**、レンダリングが開始されます **3**。パソコン環境や編集内容によって、レンダリングの時間は異なります。レンダリングが終了すると、「**レンダリングバー**」が緑色になります **4**。

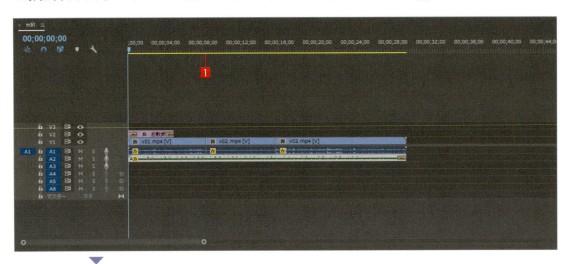

TIPS こまめに保存する

編集作業中は、急にソフトがフリーズして動かなくなることもあります。その際は強制終了すると保存時の状態に戻ってしまいますので、こまめに保存することをお薦めします。

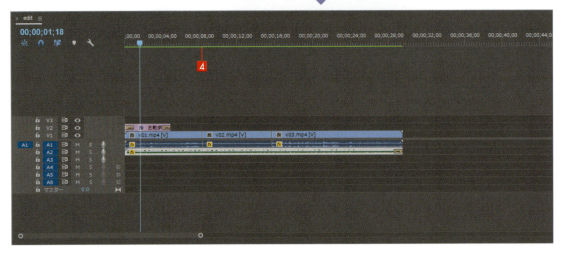

Section 1-4　1時間でマスターできる映像編集の流れ

◯ TIPS　自動保存

【編集】メニューの【環境設定】から【自動保存】を選択すると ■1、【環境設定】ダイアログボックスの【自動保存】パネルが表示され ■2、自動保存の時間を設定できます。

自動保存したプロジェクトは、プロジェクトを作成したフォルダーと同じ階層にある【Adobe Premiere Pro Auto-Save】フォルダーに保存されます ■3。

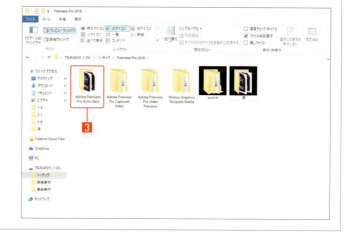

11 工程❸【映像を書き出す】～映像ファイルを作成する～

ここまでの作業で、映像編集が終了しました。最後にファイルを書き出します。

【ファイル】メニューの【書き出し】から【メディア】（Ctrl + M キー）を選択すると❶、【書き出し設定】パネルが表示されます❷。

【書き出し設定】パネルの【形式】から【H.264】を選択します❸。

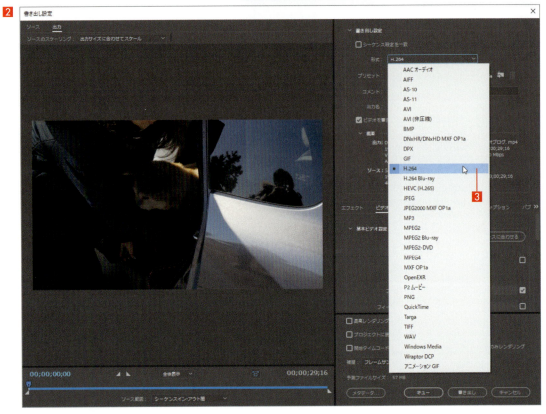

【プリセット】から【YouTube 1080p HD】を選択して 4 、【最高レンダリング品質を使用】のチェックボックスをチェックします 5 。

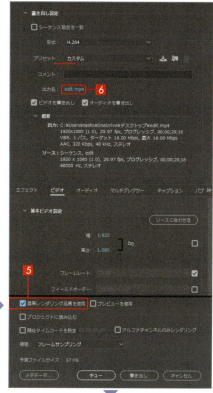

【出力名】にあるファイル名(ここでは【edit.mp4】)をクリックして 6 、【別名で保存】ダイアログボックスでファイル名【videoblog.mp4】と保存先を指定して、【保存】ボタンをクリックします 7 。
【書き出し設定】ダイアログボックスに戻って【書き出し】ボタンをクリックすると 8 、ファイルの書き出しが始まります 9 。ファイルの書き出しに要する時間は、パソコン環境や内容によって異なります。

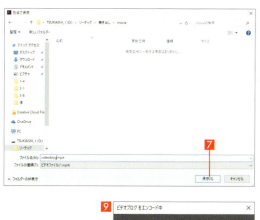

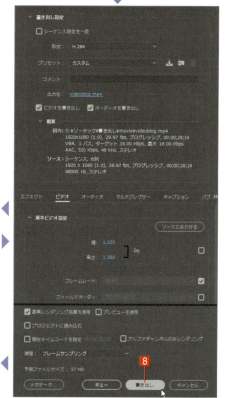

エンコードが終了すると、指定した保存先に映像ファイルが保存されます10。
ダブルクリックして再生し、内容を確認してみましょう11。

これで、映像編集の流れは終了です。

Section 1-5 さまざまなツールの使い方

さまざまなツールの使い方

Section 1-5

ここでは、Premiere Proで映像を編集する際に使用するさまざまなツールの使い方について解説します。

01 ファイルを整理する

【プロジェクト】パネルで右クリックすると、ショートカットメニューが表示されます❶。【新規ビン】を選択すると❷、プロジェクトファイルに【ビン】が作成されます。【ビン】は、作業用のフォルダのようなものです。【ビン】をクリックすると、名前を変更できます❸。ここでは、【撮影素材】と入力します❹。読み込んだ映像ファイルを選択してドラッグ＆ドロップすると、【撮影素材】ビンの中にクリップが入ります❺。

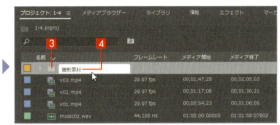

例えば、次の図のように数多くの映像クリップを読み込むと、プロジェクトが見にくい状況になるので、【ビン】を使って整理すると❻、後の作業を効率よく進められます。

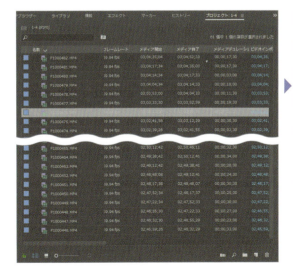

41

02 シーケンスの名前を変更する

シーケンスを作成するときに名前を付けますが、シーケンス作成後にも名前を変更できます。
シーケンスをクリックすると、名前を変更できます １。例えば、作業の日付などを明記しておくと便利です。

03 シーケンスを複製する

シーケンスを選択して右クリックし １、ショートカットメニューから【複製】を選択すると ２、シーケンスを複製できます。例えば、複製されたシーケンスの名前を変更して、日付ごとのシーケンスを保存することもできます。
シーケンスをダブルクリックすると ３、【タイムライン】パネルで開きます。
【タイムライン】パネルの【シーケンス】タブを選択すると ４、シーケンスのタイムラインを表示できます ５。
【シーケンス】タブの横にある【閉じる】ボタン をクリックすると、タブが閉じます ６。

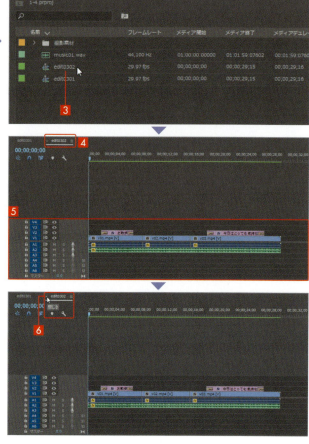

Section 1-5 さまざまなツールの使い方

よく使う編集ツール

選択ツール ▶

【選択ツール】▶（Vキー）**1**は、【タイムライン】パネルでクリップを選択／移動できます**2**。

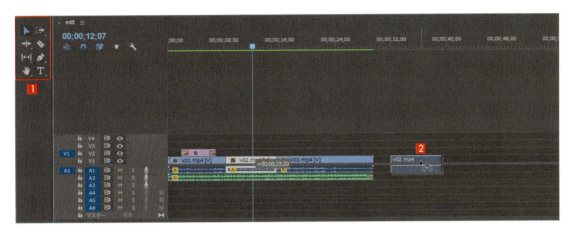

トラックの前方選択ツール

【トラックの前方選択ツール】（Aキー）**1**は、選択したクリップ**2**から右側にあるクリップをすべて選択します**3**。

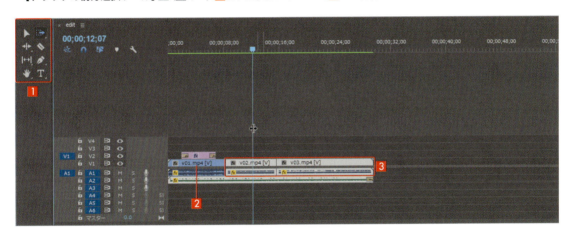

トラックの後方選択ツール

【トラックの前方選択ツール】を長押しすると、【トラックの後方選択ツール】（Shift+Aキー）が表示されます**1**。選択したクリップ**2**から左側にあるクリップをすべて選択します**3**。

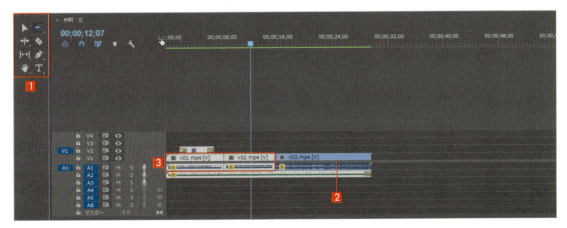

Chapter 1　Premiere Pro 基礎編　映像編集の基本を学ぼう！

レーザーツール

　【レーザーツール】（Cキー）①は、【タイムライン】パネルで【時間インジケーター】を合わせた部分をクリックすると②、クリップがカットされます③。

　続けて、【選択ツール】（Vキー）でクリップを選択し④、Deleteキーを押すとカットされた部分が削除されます⑤。

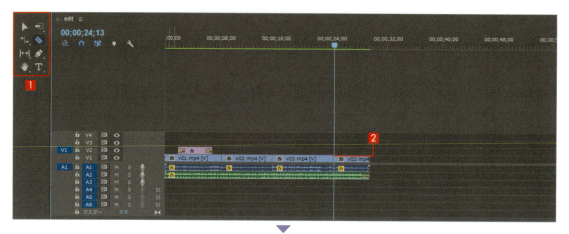

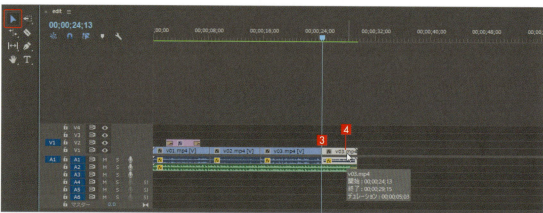

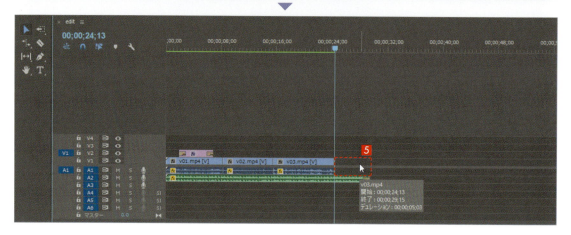

Section 1-5 さまざまなツールの使い方

ペンツール

【ペンツール】（Pキー）1 を使用すると、【プレビュー】パネル上でベジェ曲線によるシェイプを作成できます 2。

作成したシェイプは使用したツールの種類に関係なく、【タイムライン】パネルにグラフィッククリップとして表示されます 3。

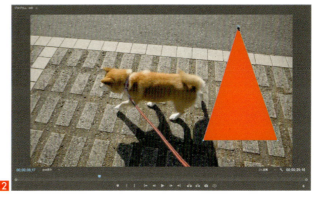

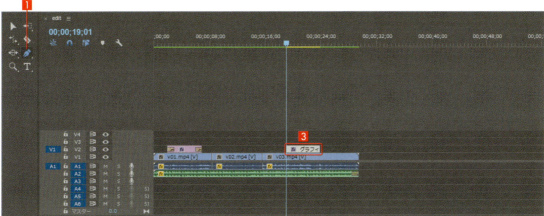

楕円ツール

【楕円ツール】 1 を使用すると、【プレビュー】パネル上で楕円のシェイプを作成できます 2。作成したシェイプは、【タイムライン】パネルに表示されます 3。

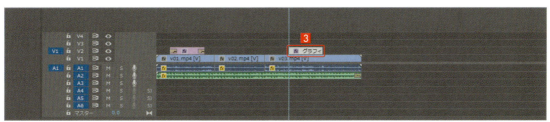

45

ズームツール

【ズームツール】（Zキー）①を選択して、【タイムライン】パネルでクリックするとタイムラインの表示を拡大できます②。Altキーを押しながらクリックすると、表示を縮小できます。

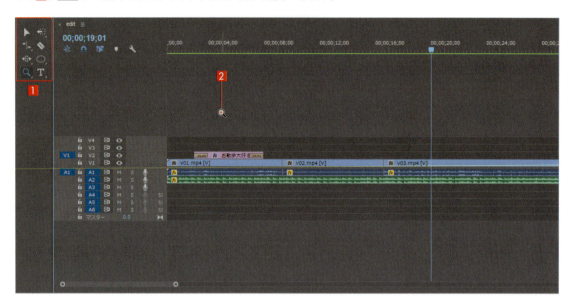

手のひらツール

【ズームツール】を長押しすると①、【手のひらツール】（Hキー）を選択できます②。
【タイムライン】パネルでマウスボタンを押した状態でドラッグすると、タイムラインの表示を移動できます③。

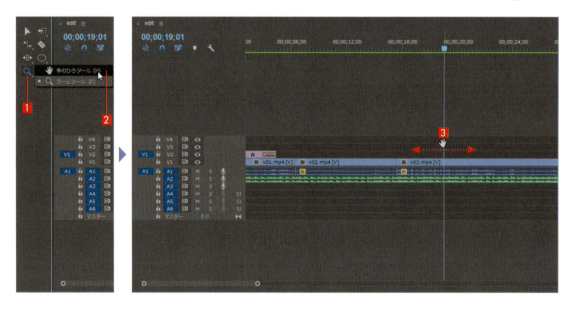

Section 1-5 さまざまなツールの使い方

横書き文字ツール

【横書き文字ツール】（Tキー）①で【プレビュー】パネルをクリックすると、横書き文字が作成できます②。

文字を作成すると、【タイムライン】パネルにテキストクリップとして表示されます③。

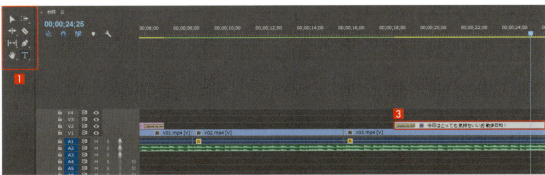

縦書き文字ツール

【横書き文字ツール】を長押しすると①、【縦書き文字ツール】を選択できます②。

【プレビュー】パネルでクリックすると、縦書き文字が作成できます③。

文字を作成すると、【タイムライン】パネルにテキストクリップとして表示されます④。

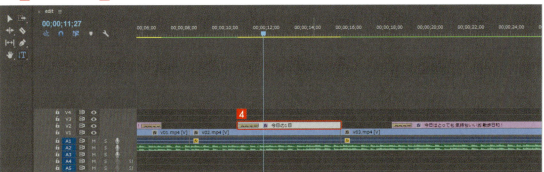

Chapter 1　Premiere Pro 基礎編　映像編集の基本を学ぼう！

素材のリンクについて

Premiere Proの作業は、パソコンや外付けハードディスクなどに保存したさまざまな素材データを読み込んで制作を行います。そのため、プロジェクトファイルを保存した後に素材データの保存先やファイル名の変更を行うと、作業を再開したときにリンクが切れてしまい、正常に開けなくなります。Premiere Proで使用している素材ファイルは、移動したり名前を変えないように注意が必要です。

01 素材リンクの再設定

Premiere Proで素材のリンクが切れて読み込めなくなった場合には、リンクを再設定します。リンクが切れたプロジェクトファイルを開くと、【メディアをリンク】ダイアログボックスにリンク切れのファイルが表示されます１。【すべてオフライン】ボタンをクリックしてそのまま開くと２、リンクが切れた素材はメディアオフライン表示となり、正常に表示されません３。

Section 1-6 素材のリンクについて

警告ダイアログボックス内で素材をリンクさせる

【メディアをリンク】ダイアログボックスでリンク切れのファイルを選択して■、【検索】ボタンをクリックします■。
【ファイルを検索】ダイアログボックスでファイルを保存しているハードディスクやフォルダーを選択して■、ファイルを探していきます。目的のファイルが見つかった場合、ファイルを選択して【OK】ボタンをクリックすると■、ファイルのリンクが再接続されます■。
他のクリップも同じフォルダーに保存されている同じクリップ名であれば、自動で検索することもあります。

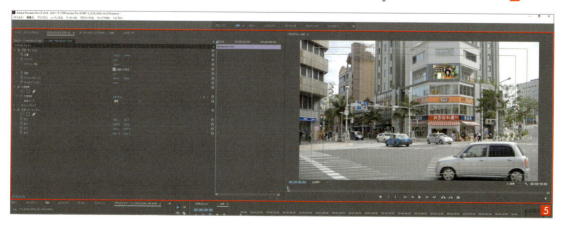

タイムラインにあるクリップを選択して素材をリンクさせる

【タイムライン】パネルでリンクが切れたクリップを選択して■、【ファイル】メニューの【メディアをリンク】を選択すると❷、【ファイルを検索】ダイアログボックスが表示されます❸。49ページと同様にファイルを選択して❹、【OK】ボタンをクリックすると❺、メディアがリンクされます❻。

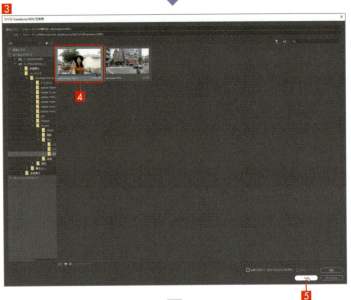

Section 1-6 素材のリンクについて

02 素材ファイルを収集して保存

　Premiere Proでは、使用した素材を収集（まとめてコピーする作業）して保存することができます。すべての素材を収集することで、リンク切れの心配がなくなります。

　ただし、リンク切れの心配はなくなりますが、素材データをコピーするため、保存するデータのサイズが大きくなります。完成した作業データをバックアップする際におすすめです。

　【ファイル】メニューの【プロジェクトマネージャー】を選択して❶、【プロジェクトマネージャー】パネルで収集する【シーケンス】のチェックボックスにチェックを入れます❷。【処理後のプロジェクト】では【ファイルをコピーして収集】を選択します❸。

　未使用のクリップを収集したくない場合は、【オプション】にある【未使用のクリップを除外】にチェックボックスを入れます❹。

　【保存先パス】で保存する場所を設定して❺、【OK】ボタンをクリックするとファイルが収集されます❻。

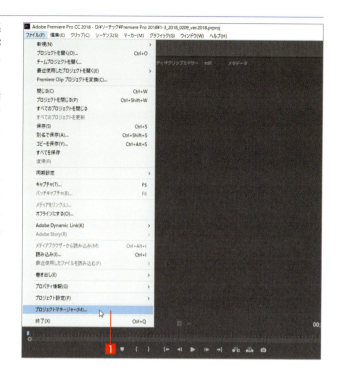

指定した場所にファイルが収集されるので、バックアップなどに使用できます。

TIPS Adobe Dynamic Link

Adobe Creative Cloudなどのサービスを利用してAfter Effectsを使用できるユーザーは、Premiere Proで編集する際、After Effectsと連動して同時に編集作業をすることができます。

Premiere Proの【タイムライン】パネル上でクリップを選択し 1、右クリックしてショートカットメニューから【After Effectsコンポジションに置き換え】を選択します 2。

After Effectsが起動するので、プロジェクト名を作成して、保存場所を選択します 3。

After Effectsで映像を加工して、保存します 4。

Premiere Proに戻ると、After Effectsで加工した映像が反映されます 5。

Chapter 2
Premiere Pro 入門編
情報番組を作ってみよう！

Chapter 1では、Premiere Proの基本的な操作方法について紹介しました。Chapter 2では、情報バラエティ番組などで使われる手法を用いて、一歩踏み込んだ映像編集を解説します。

Section 2-1 カット編集とインサート編集

ここでは、バラエティ番組でよく見かけるワイプ（ピクチャー・イン・ピクチャー）と呼ばれる手法や、基本になるカット編集のほかに、映像の上に映像をかぶせるインサート編集を学んでいきましょう。

01 新規プロジェクトの作成

【ファイル】メニューの【新規】から【プロジェクト】（Ctrl + Alt + N キー）を選択します 1 。
【新規プロジェクト】ダイアログボックスの【名前】と【場所】を設定します。
ここでは【名前：2-1】として 2 、【OK】ボタンをクリックします 3 。

02 新規シーケンスの作成

【ファイル】メニューの【新規】から【シーケンス】（Ctrl + N キー）を選択します 1 。【新規シーケンス】ダイアログボックスの【シーケンスプリセット】タブから【AVCHD】➡【1080p】を開き 2 、【AVCHD 1080p30】を選択します 3 。【シーケンス名】に【edit】と入力して 4 、【OK】ボタンをクリックすると 5 、タイムラインが開きます（次ページ 6 ）。

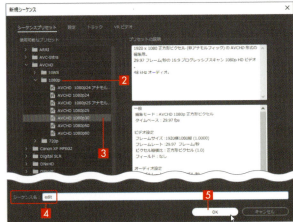

Section 2-1　カット編集とインサート編集

03　素材の読み込み

【ファイル】メニューから【読み込み】（Ctrl+Iキー）を選択します①。

【読み込み】ダイアログボックスで使用するファイルを選択します。同時に複数のファイルを選択できます。ここでは【main.mp4】と【insert01.mp4】～【insert12.mp4】を選択します②。

【開く】ボタンをクリックすると③、【プロジェクト】パネルにファイルが読み込まれます④。【プロジェクト】パネルの【main.mp4】を【タイムライン】パネルの【V1】トラックの【0秒】の位置にドラッグ＆ドロップして配置します⑤。

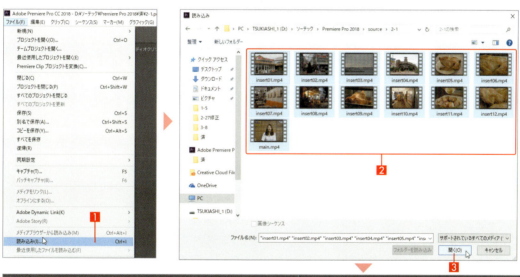

55

TIPS 4Kシーケンス

本書では、HD（1920×1080）のシーケンスで編集を行いますが、4Kで編集する場合は、【新規シーケンス】ダイアログボックスの【設定】タブを表示して❶、【編集モード】から【カスタム】を選択し❷、【フレームサイズ】を【横：3840】【縦：2160】に設定します❸。

04 カット編集を行う

　今回の作例は、女性モデルが「おすすめの沖縄スポット」を紹介する映像になります。
まず、女性モデルが話している映像をベースとして**カット編集**を進めます。会話の「えーっと」やスタッフの声など、音声の不要な箇所をカットしていきます。
ここでは、【レーザーツール】 （Cキー）を使って【main.mp4】をカットします❶。

再生すると、冒頭「まわりました」というスタッフの声が入るので、この部分をカットします。
【時間インジケーター】を【00;00;02;11】に合わせて❷、【レーザーツール】 でクリックしてカットします❸。
【選択ツール】 （Vキー）に戻って分割された前のクリップを選択し❹、Deleteキーを押すと削除されます❺。

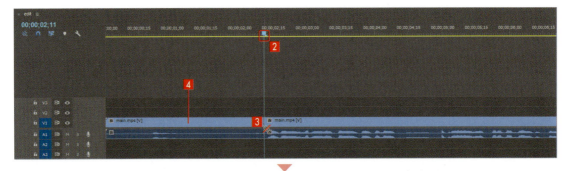

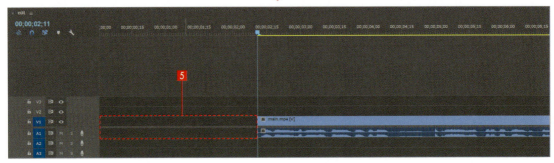

続けて、【時間インジケーター】を【00;00;12;02】に進めて再生すると、自己紹介後、施設の紹介を始めると、言葉に詰まりNGを出すので、ここででカットします 6 。
次に【00;00;34;23】からリテイクをしているので、ここでカットします。クリップが分割されたので、NG部分となる【00;00;12;02】～【00;00;34;23】を【選択ツール】（Vキー）で選択して削除します 7 。

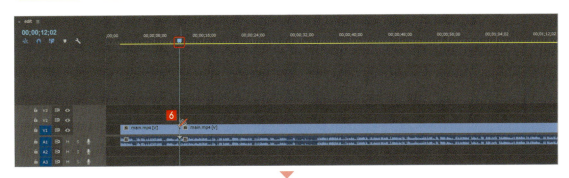

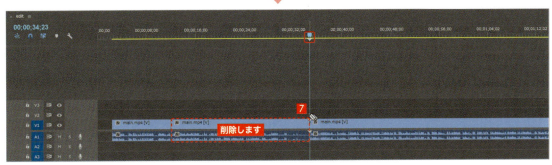

同じ要領で、下記のタイムコードに合わせてカットしていきます。

施設の夜の景色について紹介
【00;00;53;26】でカット➡【00;01;15;01】でカット➡【00;00;53;26】～【00;01;15;01】のクリップを削除します。

那覇市の一押し飲食店について紹介
【00;01;32;15】でカット➡【00;01;42;01】でカット➡削除しないで、クリップは残します。

「え～っと」と話す部分
【00;01;43;26】でカット➡【00;01;42;01】～【00;01;43;26】のクリップを削除します。

まとめコメントの部分
【00;02;31;05】でカット➡削除しないで、クリップは残します。

紹介し終わった部分
【00;02;38;02】でカット➡【00;02;38;02】～【00;02;41;19】を削除します。

前ページのようにカットと削除を行うと、タイムラインは下図のようになります 8 。
続いて、クリップをすべて左詰めします 9 。

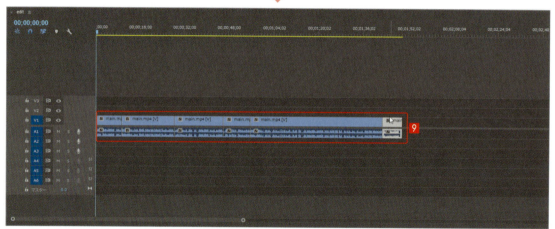

これで、ベースになるカット編集ができあがりました。

◉ TIPS リップルの削除

クリップを削除するとき、Delete キーで削除するとギャップ（空白）が残りますが、Alt + Delete キーを押すとギャップが詰まります。

◉ TIPS 1フレームずつ【時間インジケーター】を進める／戻るには

カット編集時に【時間インジケーター】を1フレームずつ進めたいときがあります。その場合は、【タイムライン】パネルをアクティブにして→キーを押すと1フレーム進み、←キーを押すと1フレーム戻ります。また、Shift +→←キーで5フレームずつ移動できます。

Section 2-1 カット編集とインサート編集

05 インサート編集を行う

【main.mp4】クリップの女性モデルが【00;00;09;21】から施設の紹介をしています。ここに該当する施設の映像を上乗せします。【insert01.mp4】を選択し、【V2】トラックの【00;00;09;21】の位置に頭合わせでドラッグ＆ドロップすると、【プログラム】モニターパネルに【insert01.mp4】の映像が表示されます 1 。これを、**インサート編集**と言います。**インサート編集**では、トラックの上にあるクリップが優先して表示されることを、覚えておきましょう。

また、【V2】トラックに撮影したクリップを配置すると、【A2】トラックに音声クリップも配置されます。
ここでは、インサートした映像の音声は使用しないので、【A2】トラックの右にある【トラックをミュート】をオンにして 2 、音を消しておきましょう。

次に【insert01.mp4】クリップの右端を【00;00;15;21】の位置までドラッグして縮めます❸。

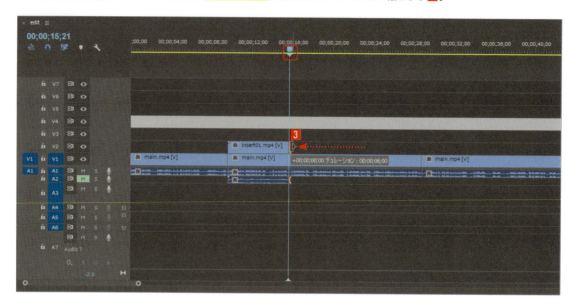

続いて、さらに施設を紹介するインサート映像として、【insert02.mp4】クリップを【00;00;15;21】に配置します❹。

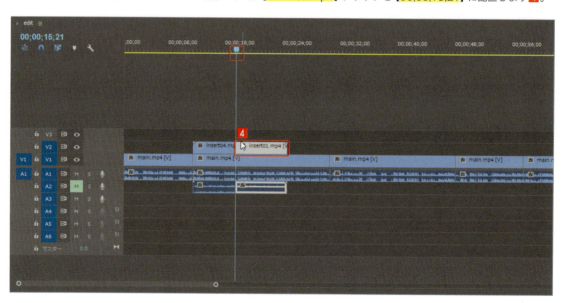

さらに、【insert02.mp4】クリップの右端を【00;00;21;08】の位置までドラッグして縮めます 5 。

このように女性モデルが紹介している部分に、その内容に適した映像を**インサート編集**していきます。

◉ TIPS トラックの追加

トラックはデフォルトでは【V3】までですが、トラックの部分で右クリックしてショートカットメニューから【トラックを追加】を選択するとトラックが追加されます。【トラックを削除】を選択するとトラックが削除されます。

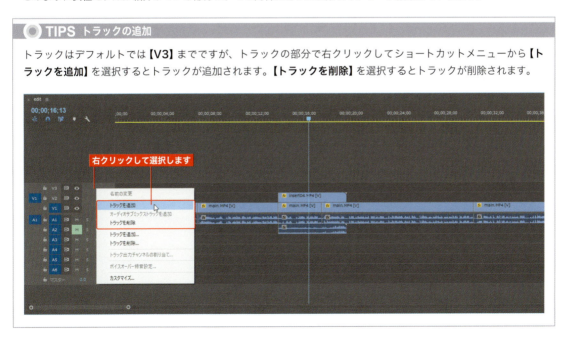

同様の方法で、他のインサート映像も下記の【タイムコード】に合わせてインサート編集を進めます。

施設の紹介部分

【insert03.mp4】を【V2】トラックの【00;00;21;08】の位置に配置します。クリップの右端を左にドラッグして、【00;00;28;24】まで縮めます。

海の紹介部分

【insert04.mp4】を【V2】トラックの【00;00;28;24】の位置に配置します。クリップの右端を左にドラッグして、【00;00;46;08】まで縮めます。

お店の紹介(外観)部分

【insert05.mp4】を【V2】トラックの【00;00;55;24】の位置に配置します。クリップの右端を左にドラッグして、【00;01;00;26】まで縮めます。

お店の紹介部分

【insert06.mp4】を【V2】トラックの【00;01;00;26】の位置に配置します。クリップの右端を左にドラッグして、【00;01;03;17】まで縮めます。

お店の紹介(内観)部分

【insert7.mp4】を【V2】トラックの【00;01;03;17】の位置に配置します。クリップの右端を左にドラッグして、【00;01;10;24】まで縮めます。

チキンの紹介部分

【insert08.mp4】を【V2】トラックの【00;01;10;24】の位置に配置します。クリップの右端を左にドラッグして、【00;01;14;23】まで縮めます。

チキンの紹介部分

【insert09.mp4】を【V2】トラックの【00;01;14;23】の位置に配置します。クリップの右端を左にドラッグして、【00;01;22;02】まで縮めます。

チキンの紹介部分

【insert10.mp4】を【V2】トラックの【00;01;22;02】の位置に配置します。クリップの右端を左にドラッグして、【00;01;29;00】まで縮めます。

チキンの紹介部分

【insert11.mp4】を【V2】トラックの【00;01;29;00】の位置に配置します。クリップの右端を左にドラッグして、【00;01;36;13】まで縮めます。

内観の紹介部分

【insert12.mp4】を【V2】トラックの【00;01;36;13】の位置に配置します。クリップの右端を左にドラッグして、【00;01;43;03】まで縮めます。

これで、**インサート編集**が完成しました。

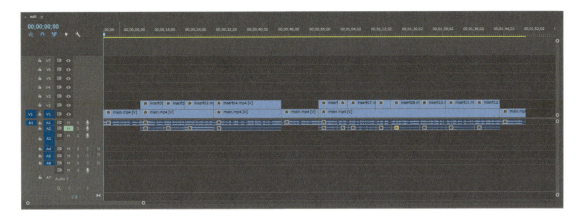

06 映像にワイプ効果をつける

ここまでで、ベースになる**カット編集**と**インサート編集**ができました。次に**ワイプ（ピクチャー・イン・ピクチャー）**効果を作っていきます。現在、【V1】トラックの【00;00;09;21】にある【main.mp4】を【V3】トラックに移動すると❶、【main.mp4】が【プログラム】モニターパネルに表示されます❷。

【V3】トラックに移動した【main.mp4】を選択して、【エフェクトコントロール】パネル（Shift+5キー）の【不透明度】タブを開きます❸。【楕円形マスクの作成】アイコン◉をクリックすると、クリップが楕円で切り抜かれます❹。これを「マスク」と呼びます。【プログラム】モニターパネルで円の大きさや位置をドラッグしながら調整します。ここでは、女性の顔を円の中心にします❺。

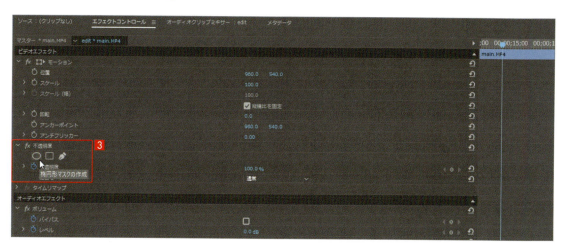

【エフェクトコントロール】パネル（Shift + 5 キー）の【モーション】にある【位置】と【スケール】の数値を調整します 6 。
【位置】は左からX軸、Y軸の順番で表示されています。X軸は左右、Y軸は上下に移動します。
【スケール】はパーセンテージで表示されます。ここでは、【位置】を【X軸】を【240】、【Y軸】を【270】、【スケール】を【70】に設定し、画面の左上に小さく配置しました 7 。

ワイプ効果を適用したクリップを選択します 8 。
【編集】メニューの【コピー】（Ctrl + C キー）を選択してコピーします 9 。【V1】トラックにあるインサート映像がかぶさった2つの【main.mp4】クリップを【V3】トラックに移動し、選択します 10 。

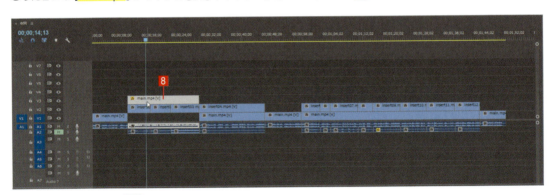

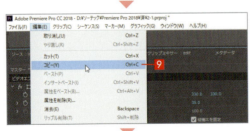

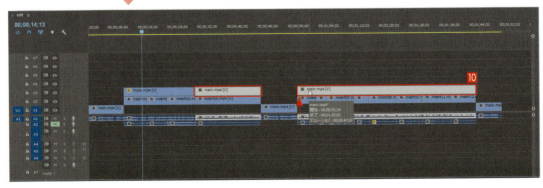

【編集】メニューの【属性をペースト】(Alt + Ctrl + V キー)を選択します11。
【属性をペースト】ダイアログボックスの【ビデオ属性】で【モーション】と【不透明度】にチェックして12、【OK】ボタンをクリックします13。

選択した【main.mp4】クリップすべてに、ワイプのエフェクト効果が適用されます。

Preview

カラーマットを作成する

さらに、【ファイル】メニューの【新規】から【カラーマット】を選択します 1。
【新規カラーマット】ダイアログボックスでピンク（#F39EFF）のカラーマットを作成します 2。

現在【V2】トラックにあるインサート映像のクリップを【V1】トラックに移動して 3、作成した【ピンク】のクリップを【V2】トラックに配置します 4。クリップの端をドラッグして、インサート部分と同じ長さに調整します 5。

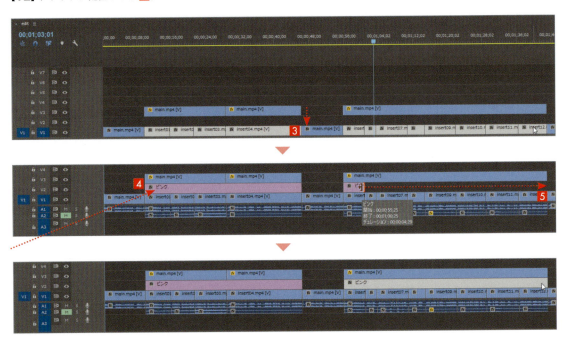

ワイプを適用した【00;00;09;21】にある【main.mp4】を選択して、【編集】メニューの【コピー】（Ctrl＋Cキー）を選択します 6 。
【ピンク】のクリップを選択して、【編集】メニューの【属性をペースト】（Alt＋Ctrl＋Vキー）を選択します 7 。
【属性をペースト】ダイアログボックスの【ビデオ属性】で【モーション】と【不透明度】にチェックして 8 、【OK】ボタンをクリックします 9 。

【ピンク】のクリップを選択して、【エフェクトコントロール】パネル（Shift＋5キー）の【モーション】にある【スケール】を【70】から【72】に変更して 10 、【マスクの境界のぼかし】を【0】に変更します 11 。
ピンクのクリップが拡大して枠が付くことで、よりワイプ感が強調されます 12 。

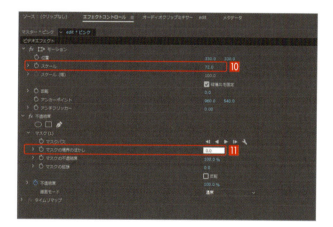

テロップを作成する

次に【時間インジケーター】を【00;00;57;00】に移動して、【横書き文字ツール】(Tキー)を選択して、【チキンバル（改行）Yu-CHIKI】とテキストを入力します 1 。

【エフェクトコントロール】パネル（Shift + 5 キー）の【テキスト】にある【ソーステキスト】を展開して、フォントを【A-OTF Futo Go B101 Pr6N】に変更します 2 。

【テキストを中央揃え】を選択します 3 。

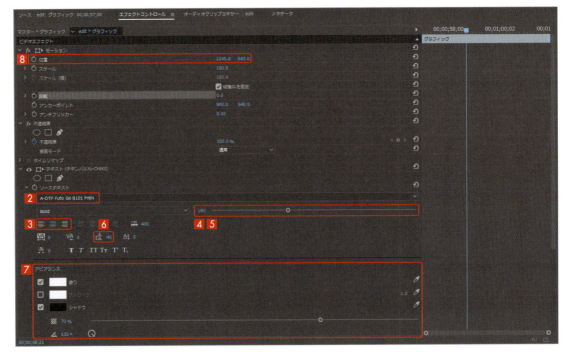

【横書き文字ツール】で【チキンバル】の部分を選択してサイズを【70】 4 、【Yu-CHIKI】の部分を【150】にします 5 。文字をすべて選択して、【行間】を【-40】に設定します 6 。

【アピアランス】にある【シャドウ】にチェックをして、【不透明度】を【70】、【角度】を【135°】、【距離】を【10.0】、【ブラー】を【0】に設定します 7 。

【モーション】の【位置】にある【X軸】を【1245】、【Y軸】を【540】にして移動します 8 。

最後に、クリップの左端をつまんで右クリックし、ショートカットメニューから【デフォルトのトランジションを適用】を選択して ❾、クリップを【00;01;03;17】まで伸ばします ❿。

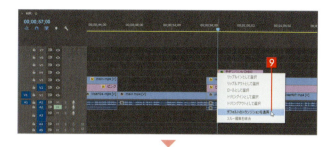

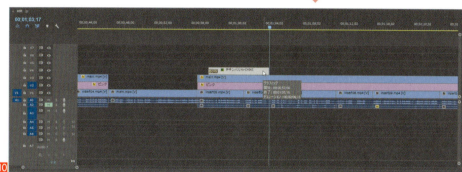

同様の手順で、他のテロップも作成していきます。

TIPS トラックのターゲット

トラックのターゲットは、クリックして切り替えることができます。テキストなどのクリップをコピー＆ペーストするときは、ターゲットされているトラックにペーストされます。ターゲットは複数選択できますが、【V1】トラックに近いほうが優先されます。

Chapter 2　Premiere Pro 入門編　情報番組を作ってみよう！

Section 2-2　基本的な色補正

映像のつながりや見せ方については、Section 2-1で基本が出来上がりました。ここでは、さらに映像のディテールを調整するために、Premiere Proに備わっているLumetriカラーを使って、ベーシックな色補正を行います。

01　ホワイトバランスを合わせる

撮影時にカメラでホワイトバランスを調整して撮影していますが、素材を見ると色が赤みや青みがかっているときがあります。
Premiere ProのLumetriカラーを使用すると、白が本来の白に見えるようにホワイトバランスを整えることができます。

【ワークスペース】パネルの「カラー」をクリックするか 1 、【ウィンドウ】メニューの【ワークスペース】から【カラー】（ Alt + Shift + 5 キー）を選択すると 2 、色補正に適したワークスペースに変わります 3 。

若干、女性モデルのクリップが青みがかっているので、ホワイトバランスを調整します。
【0秒】にある【main.mp4】クリップを選択して、【Lumetriカラー】パネルの【基本補正】を展開します 4 。
【ホワイトバランス】の項目を展開すると、【色温度】と【色かぶり補正】のスライダーは「0」のままです 5 。

Section 2-2 基本的な色補正

次に、【スポイト】アイコンをクリックして選択します。

【プレビュー】パネルで女性モデルの白い服をクリックすると **6**、【色温度】と【色かぶり補正】のスライダーの数値が変更され、白の部分を白く見せるホワイトバランスが適用されます **7**。

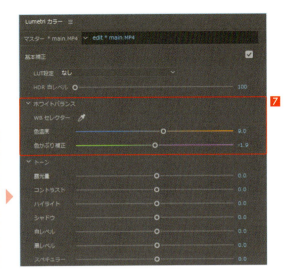

TIPS わかりやすいホワイトバランスの色補正

下図の素材は、撮影時にホワイトバランスを適用しないで撮影したものです。これを、【基本補正】の【ホワイトバランス】で補正すると、下図のようになります。

TIPS 【エフェクトコントロール】パネルでエフェクトを確認する

【Lumetriカラー】を適用すると【エフェクトコントロール】パネル（Shift+5キー）に項目が表示され、色補正の数値などを調整できます。fxアイコンをクリックするとLumetriカラーのオン／オフが切り替えられ、エフェクトを適用した際の変化が確認できます。

02 色補正の効果をペーストする

色補正したクリップを選択して 1、【編集】メニューの【コピー】（ Ctrl + C キー）を選択します 2。
次に色補正が適用されていない【main.mp4】クリップを選択します 3。 Shift キーを押しながらクリップをクリックすると、複数のクリップを選択できます。
【編集】メニューの【属性をペースト】（ Alt + Ctrl + V キー）を選択して 4、【属性をペースト】ダイアログボックスの【ビデオ属性】にある【エフェクト】と【Lumetriカラー】のチェックボックスだけオンにします 5。
【OK】ボタンをクリックすると 6、女性モデルのカットすべてに同じ色補正の効果が適用されます 7。

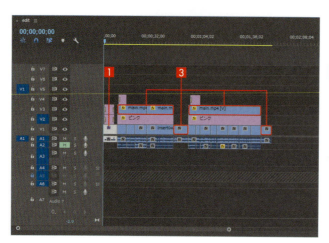

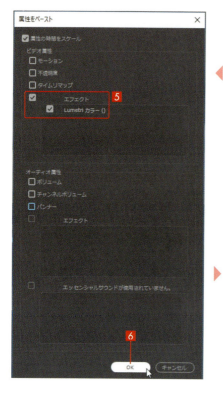

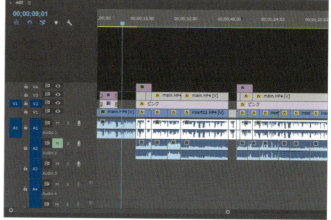

03 明るさ／彩度／コントラストを補正する

インサートの映像クリップを色補正します。【insert09.mp4】のチキンのカットは撮影素材のままでは暗く、淡いトーンになっているので調整します。

【insert09.mp4】のクリップを選択して、【基本補正】➡【トーン】を展開します **1**。【露光量】のスライダーを上げると明るくなります **2**。明るすぎると素材が汚くなります。ここでは【1.8】に設定します **3**。

【Lumetriカラー】パネルの【コントラスト】のスライダーを上げると、明るい部分と暗い部分がクッキリしますが、逆に上げすぎると中間の色がつぶれてしまうので、注意してください。ここでは【40】に設定しました **4**。

【ハイライト】のスライダーを上げてチキンの表面のテカリを強くしています。ここでは【20】に設定することで **5**、元の素材よりも色や明るさの濃淡を強調しています。

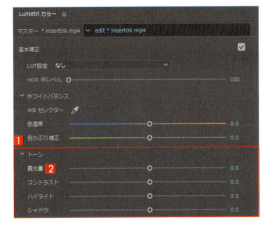

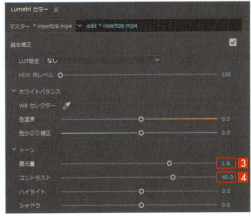

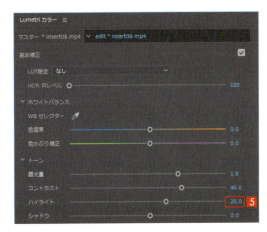

最後に【彩度】のスライダーを少し上げて、色を鮮やかにします。ここでは「110」に設定しました❻。

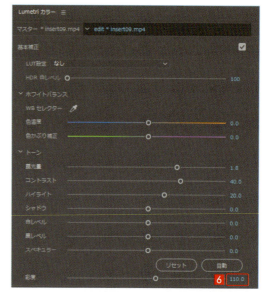

色補正なしの元のクリップ

色補正を適用したクリップ

他のクリップも色補正すると、次のようになりました。

Preview

Section 2-3 基本的な音声補正

Section 2-3 基本的な音声補正

ここまでのSectionで映像は完成しました。残すは、音声を整えるだけの作業となります。せっかくキレイな映像を作っているのに、声が聞こえにくいと「残念な」作品になってしまいます。ここでは、基本的な音声調整について解説します。

01 音声ピークを均一化する

【A1】トラックを選択して下にドラッグすると、トラックの表示幅が広がります **1**。

まず、音声ファイル全体の最大音量のピークを均一化します。これを「**ノーマライズ**」と呼び、クリップの音量レベルの均一化を図ります。

ノーマライズするクリップ【main.mp4】をすべて選択します。ドラッグしてクリップを選択するか、Shiftキーを押しながらクリックして複数のクリップを選択します **2**。

クリップを選択した状態で右クリックして、ショートカットメニューから【オーディオゲイン】を選択します **3**。
【オーディオゲイン】ダイアログボックスで【すべてのピークをノーマライズ】を選択し、【-4dB】に設定します **4**。

【OK】ボタンをクリックすると **5**、ノーマライズを適用したクリップは最大ピークが【-4dB】に設定され、元のクリップより波形の高さが低いことがわかります **6**。

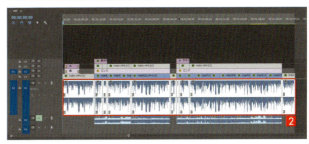

この境界をドラッグすると広がります

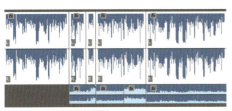

ノーマライズを適用する前

ノーマライズを適用した後

77

TIPS 音声割れ

音声レベルが「0dB」を越えると、オーディオメーターが振り切れ、赤くなります。この場合は音声が大きすぎて割れてしまうので、注意してください。
また、収録時に割れていると音声補正でも修正できないので、撮影時に音声が割れていないか確認する必要があります。

02 ノイズを除去する

部屋の空調機器などのルームノイズを除去します。

【エフェクト】パネル（Shift＋7キー）から【オーディオエフェクト】➡【適応ノイズリダクション】を選択して、【0秒】にある【main.mp4】クリップにドラッグ＆ドロップすると 1 、【エフェクトコントロール】パネル（Shift＋5キー）に項目が追加されます 2 。【カスタムセットアップ】の【編集】をクリックします 3 。

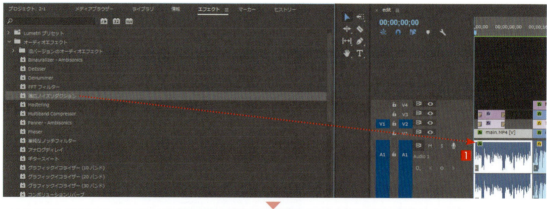

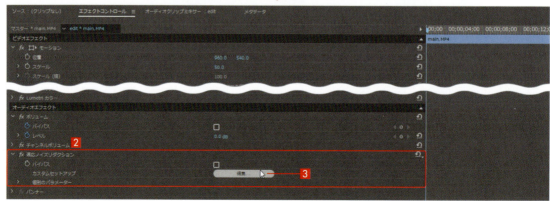

表示された【クリップFxエディター】パネルの【ノイズ振幅の削減値】を少し上げて、「30dB」に設定します 4 。また【ノイズ検出率】も少し上げて、「50%」に設定します 5 。

各項目を上げすぎると普通に話している箇所もノイズとして認識され、音声が汚くなってしまうので、注意が必要です。

項目のスライダーをドラッグで上下しながらリアルタイム再生できるので、確認しながら作業を進めましょう。

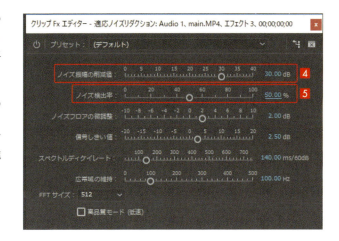

03 イコライザーで声を引き立てる

【エフェクト】パネル（ Shift + 7 キー）の【オーディオエフェクト】➡【パラメトリックイコライザー】を選択してクリップにドラッグ＆ドロップすると 1 、【エフェクトコントロール】パネル（ Shift + 5 キー）に項目が追加されます 2 。【カスタムセットアップ】の【編集】をクリックすると 3 、次ページの【クリップFxエディター】パネルが表示されます。

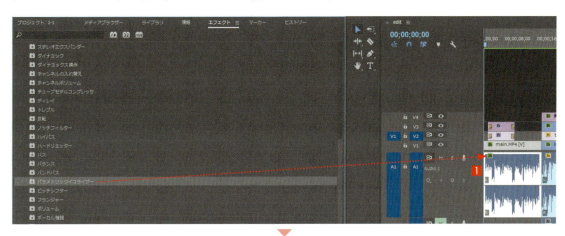

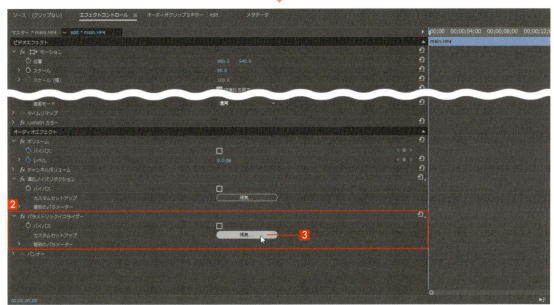

女性モデルの声の周波数を上げて、声を引き立たせます4。
ただし、あまり極端に上げてしまうとざらついた音になってしまうので、注意が必要です。
こちらも、各項目のポイントをドラッグで上下しながらリアルタイム再生できるので、確認しながら作業を進めましょう。

> **TIPS 周波数**
> 男性の声は700Hz前後、女性は1000Hz前後、子供は1200Hz前後が一般的です。

04 リミッターを適用する

音声が割れないように、リミッター（音声の限界値）を適用します。

【エフェクト】パネル（Shift＋7キー）から【オーディオエフェクト】➡【Multiband Compressor】を選択してクリップにドラッグ＆ドロップすると1、【エフェクトコントロール】パネル（Shift＋5キー）に項目が追加されます2。
【カスタムセットアップ】の【編集】をクリックします3。

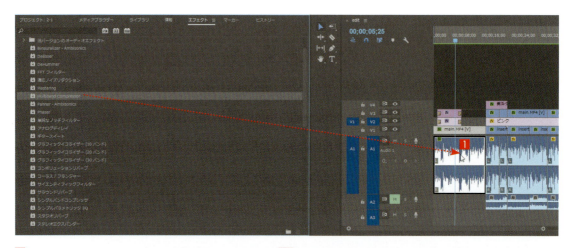

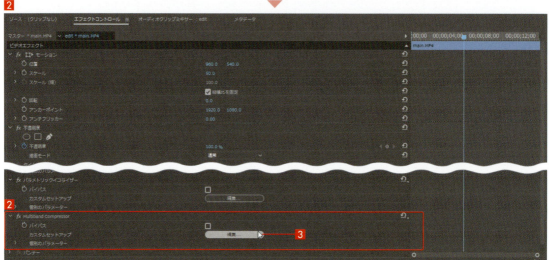

【クリップFxエディター】パネルの各フェーダーの上部にある■アイコンをクリックして、リミッターを適用します❸。

図の赤枠で囲ってある左の部分は、左から「低音域」、「中低音域」、「中高音域」、「高音域」の調整をするパラメーターです。

【S】は「ソロ」、【B】は「バイパス」のそれぞれの頭文字です。「ソロ」を選択すると、その音域のみを再生して確認することができます。「バイパス」を選択すると、元の音声と比較することができます。

数値の目安は、次の表を参考にしてください。

設定項目	設定値
しきい値	-12dB
マージン	-1dB
アタック	2ms
リリース	500ms

05 属性をペーストする

音声補正を施した【0秒】にある【main.mp4】クリップを選択して、【編集】メニューの【コピー】（Ctrl+Cキー）を選択します❶。音声補正を適用していない【main.mp4】クリップを選択して、【編集】メニューの【属性をペースト】（Alt+Ctrl+Vキー）を選択します❷。

【属性をペースト】ダイアログボックスの【オーディオ属性】の【エフェクト】にある項目だけチェックして❸、【OK】ボタンをクリックすると❹、同じエフェクトが他のクリップにも適用されます。

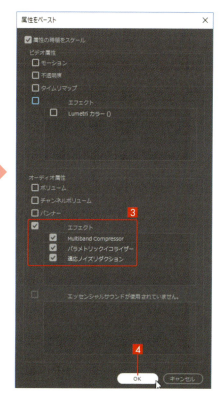

06 音楽ファイルを合わせる

【ファイル】メニューの【読み込み】（Ctrl + I キー）を選択して❶、音楽ファイルを選択します❷。
【プロジェクト】パネルにある音楽ファイルを【タイムライン】パネルの【A3】トラック【music02.wav】に挿入して❸、0秒の位置に合わせます❹。映像から音楽クリップ【music02.wav】がはみ出ているので、【music02.wav】の端をドラッグして左方向に縮めます❺。

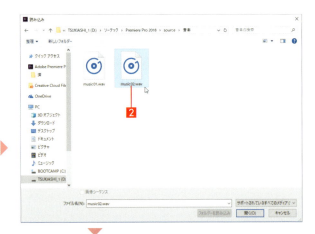
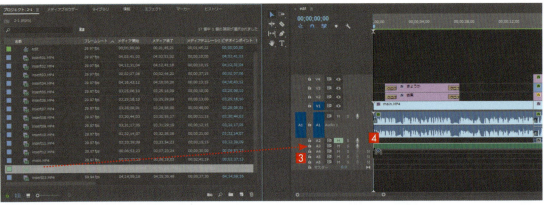

Section 2-3 基本的な音声補正

07 レベルで最終調整する

最終的な音声レベルを調整します。【music02.wav】を選択して、【エフェクトコントロール】パネル（Shift + 5 キー）の【レベル】を【-15dB】に設定します❶。
再生して、女性モデルの解説と音楽のレベルを比較しながら確認します。解説の声が少し大きいので、【レベル】を【-1】に下げて補正します❷。

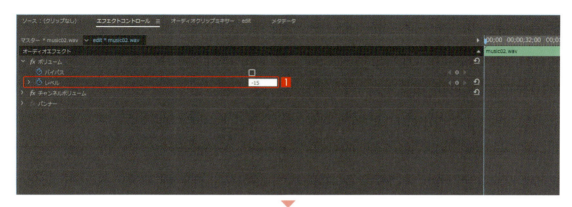

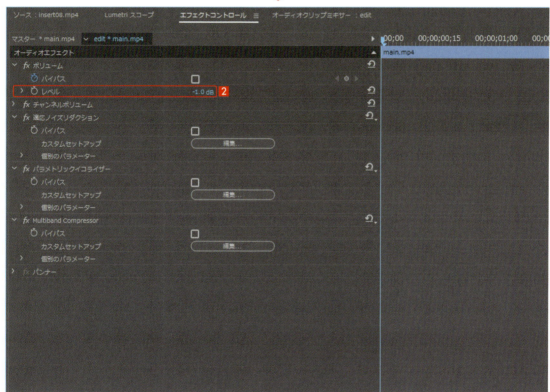

TIPS レベルとゲイン

ボリュームレベルは、出力の上限が6dBまでしか設定できないので、最終的な音声調節に使うと効果的です。
音声補正は最初にゲインで調節し、レベルでアウトプットを調整するとよいでしょう。

83

08 フェードイン・フェードアウト

最後に、音楽クリップのラストをフェードアウトします。【エフェクトコントロール】パネル（Shift + 5 キー）から【オーディオトランジション】→【コンスタントパワー】を選択して、クリップの最後にドラッグ＆ドロップします 1。初期設定では1秒間のフェードアウトなので、【コンスタントパワー】の左端のつまみを左に伸ばして、2秒かけてフェードアウトしていくように設定します 2。

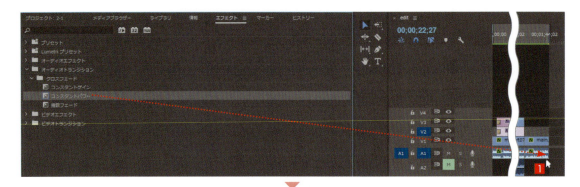

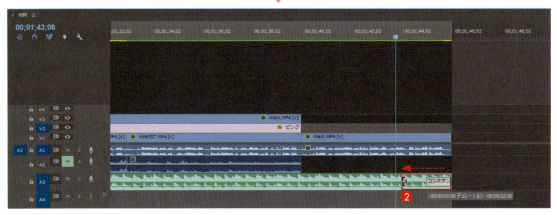

同様に、女性の解説クリップにも【コンスタントパワー】を適用します 3。
こちらは初期設定の1秒間のまま適用して、フェードアウトしていきます。

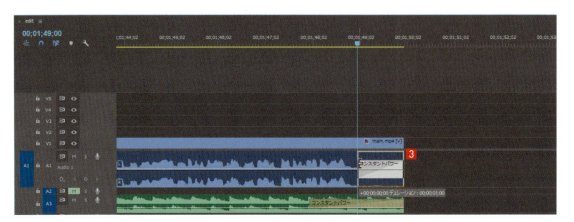

TIPS タイムラインの幅の拡大と縮小

Z キーで【ズームツール】に切り替えてから、タイムライン上をクリックするとタイムラインの幅が広がります。逆にタイムラインの幅を縮めたい場合は、【ズームツール】を選択した状態で Alt キーを押しながらタイムライン上をクリックします。

TIPS 「コンスタントパワー」と「コンスタントゲイン」

「**コンスタントパワー**」は、曲線的に自然に音がフェードイン・フェードアウトしていきます。
「**コンスタントゲイン**」は、直線的に音がフェードイン・フェードアウトしていきます。
自然なつながりにしたいときは「コンスタントパワー」、すぐに音声を切り替えたいときは「コンスタントゲイン」を選択するとよいでしょう。

さらに、女性の解説で大きく息を吸い込んでいる部分をカットします。
動画と音声がリンクしている場合は、クリップを選択して右クリックし、ショートカットメニューから【**リンク解除**】を選択すると **4**、音声と映像が切り離されます **5**。

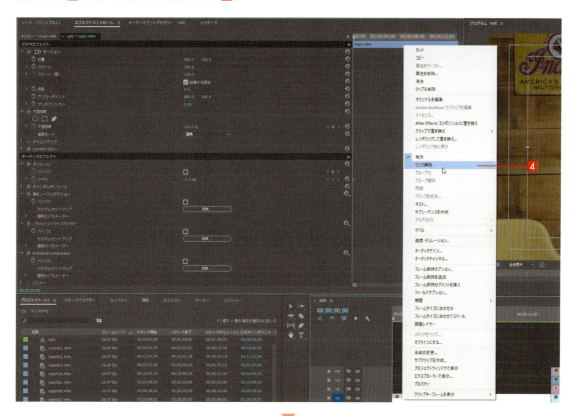

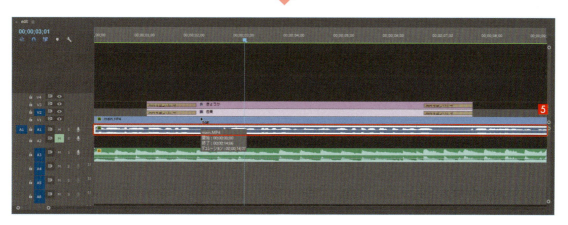

息を吸い込んでいる箇所を短くします。【main.mp4】の音声クリップの【00;00;02;02】〜【00;00;02;17】の箇所を【レーザーツール】でカットして削除します6。
最後に、削除した前後のクリップに3フレームの【コンスタントパワー】を適用して、音声のブツ切り感をなくします7。

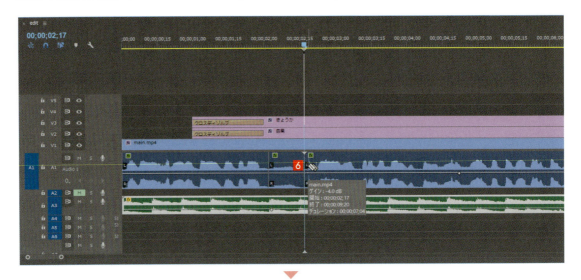

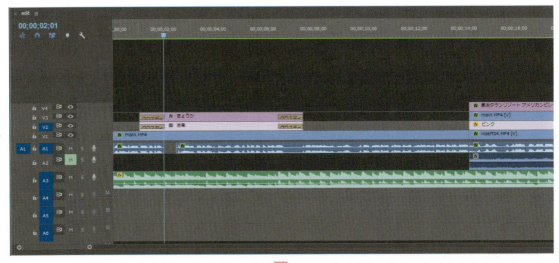

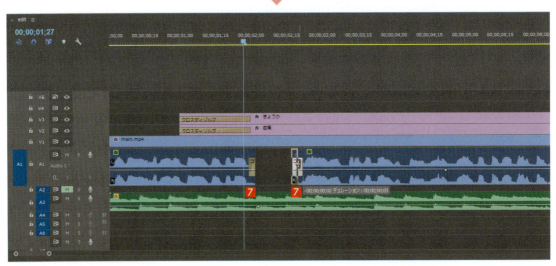

同様に、【main.mp4】の音声クリップを下記のタイムコードを参考に、カットして削除してください。

・【00;00;06;28】～【00;00;07;17】をカットして削除します。
・【00;00;46;08】～【00;00;46;24】をカットして削除します。
・【00;01;00;15】～【00;01;01;00】をカットして削除します。
・【00;01;28;18】～【00;01;29;03】をカットして削除します。

また、カットした前後のクリップには、3フレームの【コンスタントパワー】を適用を適用します。

以上で、映像編集の基本である「**カット編集**」「**インサート編集**」、「**色補正**」、「**音声補正**」が終了しました。
プレビューすると、次のようになります。

> Preview

💡 TIPS　フレームとは

「1フレーム」は、1コマのことを指します。例えばフレームレートが30fpsの場合、1秒の動画は30枚の静止画で構成されていることになります。つまり、「1秒＝30コマ」という概念になります。

Chapter 2 Premiere Pro 入門編 情報番組を作ってみよう！

Section 2-4 用途に合わせた動画の書き出し

映像編集、音調整も終了して、映像作品が完成しました。次は、この編集データを動画ファイルに書き出す作業になります。ここでは、用途別の映像書き出し設定を紹介します。
イン点／アウト点を設定すると、動画を書き出す際にその範囲のみを書き出すことができます。
設定していない場合は、タイムラインのクリップの最後の時間まで書き出されます。

01 動画を書き出す準備

映像を書き出す**イン点**（開始位置）と**アウト点**（終了位置）を設定します。
【時間インジケーター】を【0秒】に合わせて❶、【マーカー】メニューの【インをマーク】（ I キー）を選択すると❷、イン点が作成されます。
次に、**【時間インジケーター】**を編集したクリップの一番後ろに合わせて❸、【マーカー】メニューの【アウトをマーク】（ O キー）を選択すると❹、アウト点が作成されます。

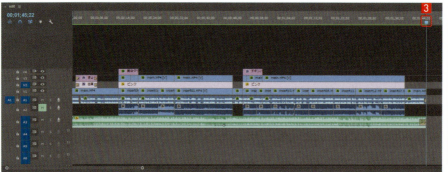

02 書き出し設定

【ファイル】メニューの【書き出し】から【メディア】（ Ctrl + M ）を選択すると❶、次ページの【書き出し設定】パネルが表示されます。

各タブをクリックして詳細な設定をした後に【書き出し】ボタン（次ページ H ）をクリックすると、Premiere Proでファイルを書き出すことができます。

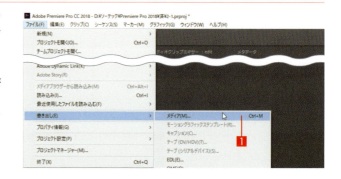

Section 2-4 用途に合わせた動画の書き出し

主に使用する設定項目

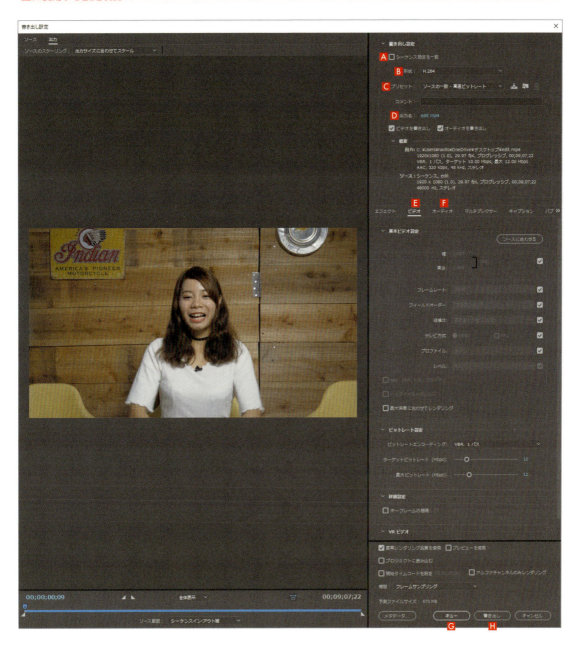

書き出し設定

A シーケンス設定を一致：チェックボックスをチェックすると、シーケンス設定と同じ内容に設定されます。
B 形式：さまざまなビデオ形式やオーディオ形式を選択できます。
C プリセット：あらかじめ用意されている書き出し設定をメニューから選択できます。
D 出力名：クリックすると、書き出すファイルの名前と保存する場所を設定できます。

E【ビデオ】タブ

各チェックボックスをチェックすることで、解像度やフレームレート、フィールドオーダー、縦横比、ビットレートを選択できます。

F【オーディオ】タブ

それぞれのチェックボックスをチェックすることで、オーディオコーデックやサンプルレート、チャンネル、ビットレートを選択できます。

G【キュー】ボタン

クリックするとAdobe Media Encoder CC（98ページ参照）が起動して、シーケンスのデータを送信してバックグラウンドで書き出すことができます。

H【書き出し】ボタン

クリックすると、Premiere Proでファイルの書き出しが始まります。

03 データ形式を選択する

【書き出し設定】パネルで書き出すデータ形式を設定します1。
【形式】のプルダウンメニューでは、【AVI】【H.264】【MPEG2】【QuickTime】【Windows Media】など、書き出す動画のデータ形式を選択します2。
【プリセット】のプルダウンメニューでは、用途に合わせた設定を読み込みます3。例えば、YouTube用に設定する場合には、【形式】から【H.264】4、【プリセット】から【YouTube 1080p HD】を選択します5。
DVDビデオ用の設定の場合には、【形式】から【MPEG2-DVD】、【プリセット】から【NTSC DV Wide】を選択します。

> **TIPS** プルダウンメニューに表示される項目
>
> 【形式】や【プリセット】のプルダウンメニューに表示される項目は、使用しているPremiere ProのバージョンやOSによって異なる場合があります。

Section 2-4 用途に合わせた動画の書き出し

> ● **TIPS** 映像のデータ量
>
> フルHDや4Kサイズ、または長時間の映像ファイルを書き出すと、大きな容量が必要になります。大容量（1TB以上）外付けハードディスクに書き出した映像を保存することをお勧めします。

【出力名】にあるファイル名をクリックして 6、ファイル名と保存先を選択します。

ここでは、ファイル名は「jouhoubangumi.mp4」 7、保存先に外付けハードディスクの【movie】フォルダーを選択して 8、【保存】ボタンをクリックします 9。

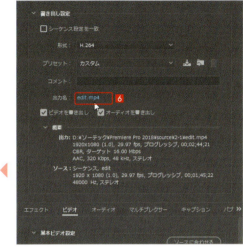

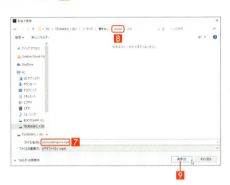

04 基本ビデオ設定を確認する

フルHD画質で書き出す場合の【基本ビデオ設定】は、【形式】から【H.264】 1、【プリセット】から【YouTube 1080p HD】 2 を選択します。【ビデオ】タブの【最大深度に合わせてレンダリング】にチェックを入れると 3、画質は向上しますが、書き出しに要する時間が長くなります。

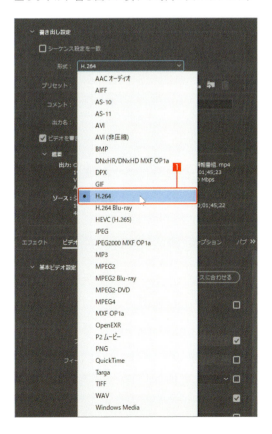

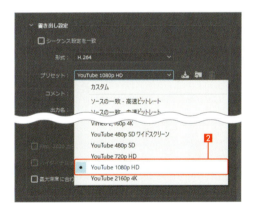

91

05 ビットレート設定を確認する

【ビットレート設定】で画質とデータサイズが決定します。数値を上げると、画質とデータサイズが大きくなります。【ビットレートエンコーディング】では、【CBR】と【VBR】を選択できます❶。画質を優先する場合は【CBR】、データサイズを小さくしたい場合は【VBR】を選択します。
【ターゲットビットレート】では、画質を設定します。
高画質なフルHDデータで書き出す場合は、【ビットレートエンコーディング】を【CBR】、【ターゲットビットレート】の数値を【50】に設定します。標準画質で書き出す場合は、【ターゲットビットレート】で【16】か【24】を選択します。データサイズを小さくしたい場合は、【8】ぐらいが目安となります。

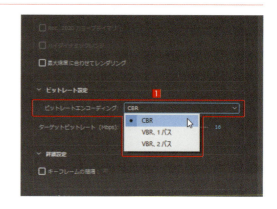

06 オーディオ設定を確認する

【オーディオ】タブを選択します。【オーディオ形式設定】を選択して、【基本オーディオ設定】を確認します。
ほとんどの場合、【サンプルレート】を【48000Hz】、【チャンネル】を【ステレオ】、【音質】は【高】を選択します。
【ビットレート設定】の【ビットレート】では、【320】を選択します❶。少しでもデータサイズを小さくしたい場合は、【128】を選択します。【128】より小さくすると、極端に音質が劣化する場合があります。

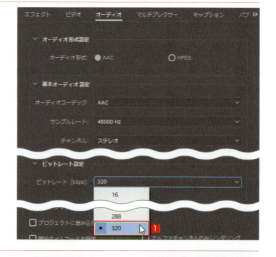

07 動画ファイルの書き出し

【書き出し設定】パネルの下部にある【書き出し】ボタンをクリックすると❶、書き出しが開始されます。
エンコード中は、残り時間を表示したダイアログボックスが表示されます❷。書き出しが終了すると、指定した場所に映像ファイルが作成されています❸。
QuickTime Playerなどで再生して確認すると❹、編集したデータが書き出されています。

Section 2-4　用途に合わせた動画の書き出し

08 【書き出し設定】パネルの設定

【書き出し設定】パネルでは、目的用途に合わせた動画の書き出しを設定します。

一般的な高画質なweb用のデータ書き出し(.mp4)

YouTubeやFacebookなどのSNSに高画質な動画をアップロードする際に使用します。比較的新しい形式で、最近ではほとんどのデバイス（Windows・Mac・Android・iOSなど）で再生できる扱いやすい動画形式です。

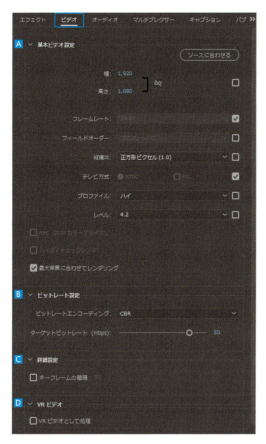

書き出し設定
- 形式：H.264
- プリセット：YouTube1080p HD

【ビデオ】タブ

A 基本ビデオ設定
- 幅：1,920
- 高さ：1,080
- フレームレート：29.97
- フィールドオーダー：プログレッシブ
- 縦横比：正方形ピクセル(1.0)
- テレビ方式：NTSC
- プロファイル：ハイ
- レベル：4.2
- 最大深度に合わせてレンダリング：オン

B ビットレート設定
- ビットレートエンコーディング：CBR
- ターゲットビットレート：50

C 詳細設定
- キーフレームの間隔：オフ

D VRビデオ
- VRビデオとして処理：オフ

【オーディオ】タブ

E オーディオ形式設定
- オーディオ形式：AAC

F 基本オーディオ設定
- オーディオコーデック：AAC
- サンプルレート：48000Hz
- チャンネル：ステレオ
- 音質：高

G ビットレート設定
- ビットレート(kbps)：320

H 詳細設定
- 優先：ビットレート

・・

- 最高レンダリング品質を使用：オン
- 開始タイムコード設定：オフ
- アルファチャンネルのみのレンダリング：オフ
- プレビューを使用：オフ
- プロジェクトに読み込む：オフ
- 補完：フレームサンプリング

ビデオ書き出しのカスタマイズ

フレームレート

1秒間の動画のフレーム数の設定です。24フレームで撮影・制作した動画のときは【23.976】、60フレームで撮影・制作した動画のときは【59.94】を使用します。

【ビデオ】タブのビットレート設定

画質の設定です。画質とデータサイズのバランスがよい設定は【24】、データサイズを小さくしたい場合は【16】または【8】と数値を下げます。

【オーディオ】タブのビットレート設定

音質とデータサイズのバランスがよい設定は【192】、さらに音質を上げたい場合は【256】または【320】と数値を上げます。データサイズを小さくしたい場合は、【128】に設定します。

93

DVDデータの書き出し（.m2v）

DVDプレイヤーで再生できるDVDディスクを作成するための動画形式です。

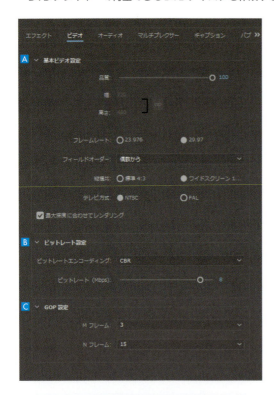

書き出し設定
- 形式：MPEG2-DVD
- プリセット：NTSC DV Wide（カスタム）

【ビデオ】タブ

A 基本ビデオ設定
- 品質：100
- フレームレート：29.97
- フィールドオーダー：偶数から
- 縦横比：ワイドスクリーン16:9
- テレビ方式：NTSC
- 最大深度に合わせてレンダリング：オン

B ビットレート設定
- ビットレートエンコーディング：CBR
- ビットレート(Mbps)：8

C GOP設定
- Mフレーム：3
- Nフレーム：15

【オーディオ】タブ

D オーディオ形式設定
- オーディオ形式：MPEG

E ビットレート設定
- ビットレート(kbps)：224

F 詳細設定
- サイコアコースティックモデル：モデル2
- コピーライトビット設定：オフ
- オリジナルビット設定：オフ

・・・・・・・・・・・・・・・・・・・・・・・・・・・・・・・・・

- 最高レンダリング品質を使用：オン
- 開始タイムコード設定：オフ
- アルファチャンネルのみのレンダリング：オフ
- 補完：フレームサンプリング

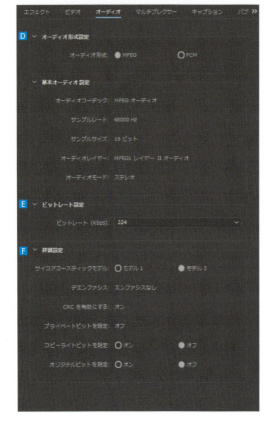

Section 2-4 用途に合わせた動画の書き出し

Blu-ray用の動画形式 - H.264（.m4v）

Blu-rayプレイヤーで再生するための、Blu-rayディスクを作成するための動画形式です。
規格に合ったデータを作成しないと、民生用のプレイヤーで正しく再生できないこともあります。

書き出し設定
- 形式：H.264 Blu-ray
- プリセット：HD 1080i 29.97（カスタム）

【ビデオ】タブ2

A 基本ビデオ設定

ビデオのサイズ：1920×1080
フレームレート：29.97
フィールドオーダー：奇数から
縦横比：正方形ピクセル(1.0)
テレビ方式：NTSC
プロファイル：ハイ
レベル：4.1
最大深度に合わせてレンダリング：オン

B ビットレート設定

ビットレートエンコーディング：CBR
ビットレートレベル：カスタム
ターゲットビットレート(Mbps)：25

C 詳細設定

マクロブロック適応型フレームフィールドコーディング：オフ
キーフレームの間隔：オフ

【オーディオ】タブ

D オーディオ形式設定

オーディオ形式：PCM

・・・・・・・・・・・・・・・・・・・・・・・・・・・・・・・・・・・・・・

最高レンダリング品質を使用：オン
開始タイムコード設定：オフ
アルファチャンネルのみのレンダリング：オフ
補完：フレームサンプリング

Windows用の動画形式 - Windows Media Video（.wmv）

Microsoftが開発した、古くからWindowsに標準対応している動画形式です。長く使用されている動画形式なので、プレゼンや資料動画などビジネスシーンで今もよく使われます。

最近では、街頭ビジョンや駅のデジタルサイネージなどでも使われています。

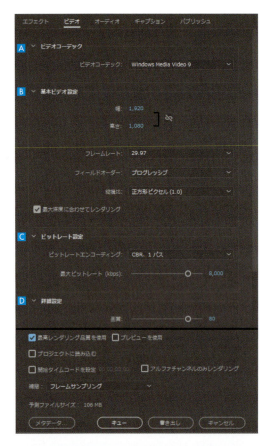

書き出し設定
- 形式：Windows Media
- プリセット：HD1080p 29.97（カスタム）

【ビデオ】タブ

A ビデオコーデック
- ビデオコーデック：Windows Media Video 9

B 基本ビデオ設定
- 幅：1,920
- 高さ：1,080
- フレームレート：29.97
- フィールドオーダー：プログレッシブ
- 縦横比：正方形ピクセル(1.0)
- 最大深度に合わせてレンダリング：オン

C ビットレート設定
- ビットレートエンコーディング：CBR,1パス
- 最大ビットレート(kbps)：8,000

D 詳細設定
- 画質：80
- デコーダーの複雑度：自動
- キーフレーム間隔：5
- バッファーサイズ：1

【オーディオ】タブ

E オーディオコーデック
- オーディオコーデック：Windows Media Audio 9.2

F 基本オーディオ設定
- サンプルレート：48000Hz
- チャンネル：ステレオ

G ビットレート設定
- エンコードパス：1パス
- ビットレートモード：固定
- ビットレート(kbps)：192

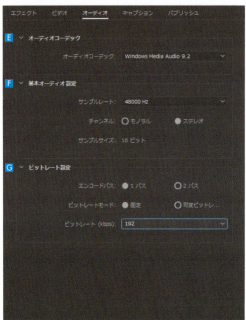

- 最高レンダリング品質を使用：オン
- 開始タイムコード設定：オフ
- アルファチャンネルのみのレンダリング：オフ
- 補完：フレームサンプリング

ビデオ書き出しのカスタマイズ

フレームレート
1秒間の動画のフレーム数の設定です。24フレームで撮影・制作した動画は【23.976】、60フレームで撮影・制作した動画は【59.94】を使用します。

ビットレートエンコーディング
画質を優先する場合は固定ビットレート【CBR】、データサイズを小さくしたい場合は可変ビットレート【VBR】を使用します。
【2パス】は、映像全体を解析してからビットレートを調整する方式です。2回処理を行うのでエンコードに時間がかかりますが、高圧縮かつ高画質な動画を作成できます。

ビットレート設定
画質の設定です。画質とデータサイズのバランスがよい設定は【8,000】、さらに画質を上げたい場合は、【16,000】または【24,000】と数値を上げます。データサイズを小さくしたい場合は、【6,000】または【3,000】と数値を下げます。

（次ページに続く）

詳細設定

画質と動きのどちらを優先するか設定します。数値を上げるほど高画質になりますが、最大値【100】に設定した場合、動画の内容によって、カクッとコマ落ちしたような表現になることがあります。お薦めの設定は【80】です。エンコードした動画の動きに違和感が生じた場合は、【70】～【50】と数値を下げてください。

オーディオ書き出しのカスタマイズ

ビットレート設定

音質を優先する場合は【固定】、極力データサイズを小さくしたい場合は【可変ビットレート】を使用します。

ビットレート（kbps）

画質とデータサイズのバランスがよい設定は【192】、さらに音質を上げたい場合は【256】または【320】と数値を上げます。データサイズを小さくしたい場合は数値を下げますが、【96】以下にすると音質が極端に劣化することがあります。

Mac用の動画形式 - QuickTime（.mov）

Appleが開発した古くからMacに標準対応している動画形式です。

書き出し設定
- 形式：QuickTime

【ビデオ】タブ

A ビデオコーデック
- ビデオコーデック：H.264

B 基本ビデオ設定
- 品質：100
- 幅：1,920
- 高さ：1,080
- フレームレート：29.97
- フィールドオーダー：プログレッシブ
- 縦横比：正方形ピクセル（1.0）
- 最大深度に合わせてレンダリング：オン

C 詳細設定
- キーフレームの間隔：オフ
- 静止画像の最適化：オフ
- フレーム並べ替え：オフ

D ビットレート設定
- データレートの制限：オフ
- VRビデオ：オフ

【オーディオ】タブ

E オーディオコーデック
- オーディオコーデック：AAC

F 基本オーディオ設定
- サンプルレート：48000Hz

G オーディオチャンネル設定
- 出力チャンネル：ステレオ

H ビットレート設定
- ビットレート（kbps）：192

・・・・・・・・・・・・・・・・・・・・・・・・・・・・・・・・・・・・

- 最高レンダリング品質を使用：オン
- 開始タイムコード設定：オフ
- アルファチャンネルのみのレンダリング：オフ
- 補完：フレームサンプリング

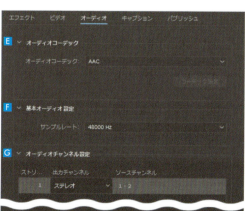

09 Adobe Media Encorder CCで動画を書き出す

　ここまではPremiere Pro内で書き出しを行っていましたが、「キュー」を使うことでPremiere Proの連携ソフトである**Adobe Media Encorder CC**（以下、Media Encorder）が起動して、書き出しを行うことができます。
こちらも書き出し方法は同じですが、バックグラウンドで複数の書き出しを行うことができるので、1つのシーケンスデータで複数の異なる動画形式のファイルを作成できます。
Premiere Proでタイムラインをアクティブにして、【ファイル】メニューの【書き出し】から【メディア】（Ctrl+M）を選択します1。
【書き出し設定】ダイアログボックスの【キュー】ボタンをクリックすると2、Media Encorderが起動します3。

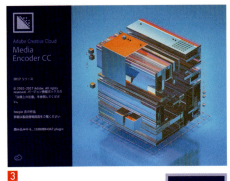

Media Encorder CCの【キュー】パネルで設定する

Media Encorderの【キュー】パネルには、Premiere Proのシーケンスデータが送信されています 1 。
ここでは、このシーケンスデータからweb用のファイルとDVD用のファイルを書き出します。
キューを右クリックしてショートカットメニューから【複製】を選択すると 2 、キューが複製されます 3 。

1つ目のキュー【H.264】をクリックすると 4 、【書き出し設定】パネルが表示されます。さきほどと同じ内容なので、ファイル名や保存先を設定して 5 、書き出し設定を行います。
設定が終了したら、【OK】ボタンをクリックします 6 。

次に、2つ目の【H.264】をクリックして、【書き出し設定】パネルでDVD用の書き出し設定である【MPEG2-DVD】を選択します7。設定が終了したら、【OK】ボタンをクリックします8。

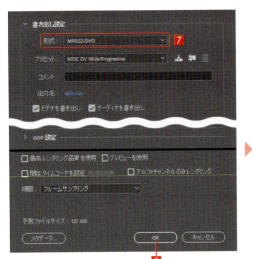
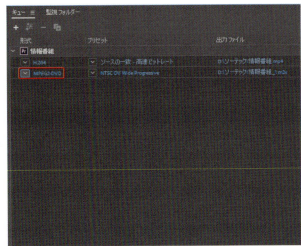

【キュー】パネルの右上にある【キューを開始】ボタン▶をクリックすると9、ファイルの書き出しが始まります。Media Encorderのバックグラウンドによる書き出しなので、書き出しを行っているシーケンス以外の作業も可能です。Premiere Proによる動画の書き出しでは、最初の書き出しが終了しないと次に着手できませんが、Media Encorderのキューを使用すると、複数ファイルの書き出しをバッチで設定できます10。

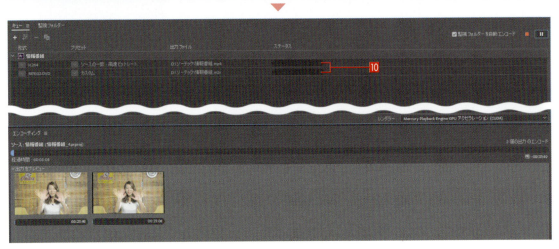

◉TIPS バックグラウンドによる書き出し

Media Encorderのキューバックグラウンド書き出しを使用すると、書き出し中でもPremiere Proで作業ができますが、パソコンのメモリへの負荷が強くなるので、注意してください。

Chapter 3

Premiere Pro 中級編
さまざまな動画の制作

Chapter 2で映像を編集する基本形はすべてマスターしました。Chapter 3では、より実践的な映像編集のノウハウについて学んでいきましょう。

Section 3
1 インタビュー動画の作り方

ここでは、2台のカメラで撮影したインタビュー動画のマルチカメラ編集の方法について解説します。

01 新規プロジェクトの作成

【ファイル】メニューの【新規】から【プロジェクト】（Ctrl＋Alt＋Nキー）を選択します❶。
【新規プロジェクト】ダイアログボックスの【名前】と【場所】を設定します。
ここでは【名前：3-1】として❷、【OK】ボタンをクリックします❸。

02 新規シーケンスの作成

【ファイル】メニューの【新規】から【シーケンス】（Ctrl＋Nキー）を選択します1。
【新規シーケンス】ダイアログボックスの【シーケンスプリセット】タブから【AVCHD】➡【1080p】を開き2、
【AVCHD 1080p30】を選択します3。
【シーケンス名】に【edit】と入力して4、【OK】ボタンをクリックすると5、タイムラインが開きます。

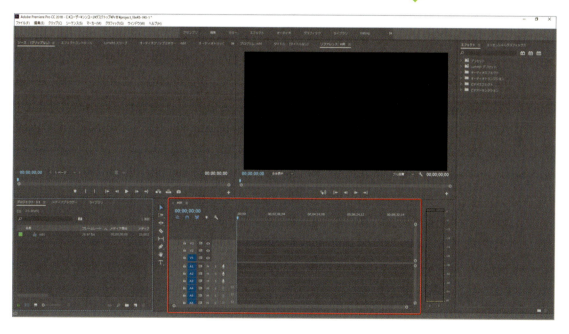

03 素材の読み込み

【ファイル】メニューから【読み込み】（Ctrl + I キー）を選択します 1 。
【読み込み】ダイアログボックスで素材フォルダー【3-1】からファイル【model_01.mp4】と【model_02.mp4】を選択して 2 、【開く】ボタンをクリックすると 3 、【プロジェクト】パネルにファイル【model_01.mp4】と【model_02.mp4】が読み込まれます 4 。

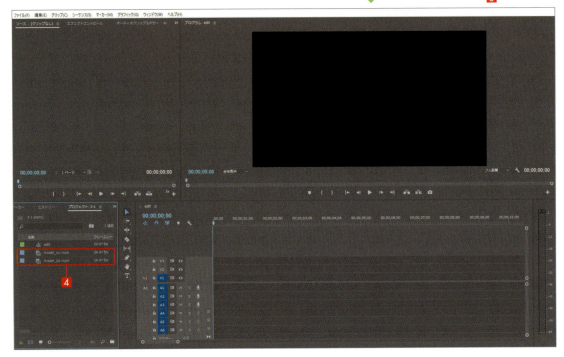

TIPS ボタンバーのカスタマイズ

よく使用するボタンは、初期設定では【ソース】モニターパネルと【プログラム】モニターパネルの最下部に表示されていますが、この他のボタンを追加することもできます。

【ボタンエディター】を開くには、モニターの右下にある➕をクリックします❶。表示したいボタンを【ボタンエディター】からドラッグしてボタンバーに追加し❷、【OK】ボタンをクリックします❸。

【ボタンエディター】には、最大2行分のボタンを追加できます❹。

04 複数の素材クリップを同期させるマルチカメラシーケンスの作成

【プロジェクト】パネルの2つの素材クリップを選択してから❶、【クリップ】メニューの【マルチカメラソースシーケンスを作成】を選択し❷、【マルチカメラソースシーケンスを作成】ダイアログボックスで設定を行います❸。【ビデオクリップ名】は【interview】と入力します❹。今回はインタビューの音声で2つの素材クリップを同期するので、【同期ポイント】の【オーディオ】をオンにして❺、【OK】ボタンをクリックします❻。

【オーディオ】は複数のクリップでの共通の音声を判別して、ピッタリと並べてくれる機能です。

【プロジェクト】パネルに【処理済みのクリップ】というフォルダーが表示されます 7 。
クリックしてフォルダーを開くと、同期されたクリップが表示されます 8 。

同期されたマルチカメラシーケンス【model_01.mp4interview】が作成されるので、右クリックして 9 、ショートカットメニューから【タイムラインで開く】を選択します 10 。
音声の位置を合わせて、自動的に【V1】【V2】クリップが並んでいます 11 。

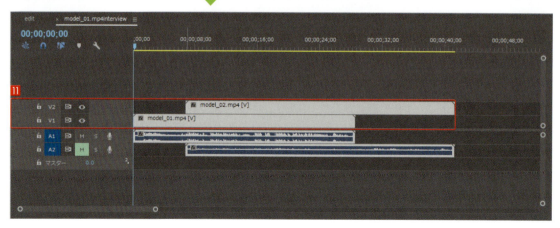

はみ出している部分を【レーザーツール】◆（Cキー）でカットして、【V1】【V2】クリップの長さを揃えます12。
長さを揃えたら【model_01.mp4】と【model_02.mp4】を選択して【時間インジケーター】の【0】秒の位置にドラッグして移動します13。

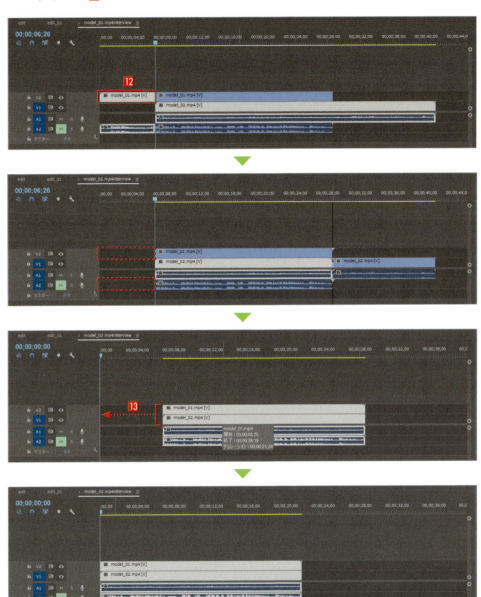

さらに、同期されたシーケンスを右クリックして14、ショートカットメニューから【クリップに最適な新規シーケンス】を選択します15。

【タイムライン】パネルに新規ネストシーケンスが作成されます16。

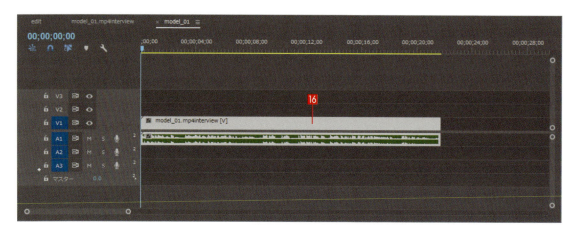

新規ネストシーケンスを右クリックして17、ショートカットメニューの【マルチカメラ】から【有効】を選択します18。

> ◎ TIPS ネストとは？
>
> **ネスト**とは、複数のクリップやフォルダー（単体でも大丈夫です）などを1つにまとめることです。パソコンのファイル整理に使うフォルダーをイメージしていただくとわかりやすいでしょう。

【プログラム】モニターパネルの右下にある【設定】ボタン をクリックして19、メニューから【マルチカメラ】を選択します20。

【マルチカメラプレビューモニター】が表示されます21。
左側がマルチグリッド表示のカメラアングル、右側が出力モニターです。

05 【マルチカメラプレビューモニター】の操作

カメラアングルを切り替える

モニターに出力中のアングルには黄色い枠が表示され、新しいアングルをクリックして出力を切り替えられます1。
【マルチカメラ表示を切り替え】ボタン （Shift＋0キー）でも、出力を切り替えられます2。

マルチカメラ編集を記録する

マルチカメラ編集を記録するには、【マルチカメラ記録開始/停止】ボタン ● （0キー）をクリックしてから❶、【再生】ボタン ▶ （Space キー）をクリックして再生を開始します❷。【再生】ボタン ▶ が表示されていない場合は、【ボタンエディター】で追加します（105ページ参照）。

モニターに出力しているアングルは、赤枠で表示されます❸。新しいアングルをクリックして❹❺、アングルの切り替わりを記録します。今回は、文章の切れ目を基準にするイメージでアングルの切り替えを行います。

マルチカメラ編集の記録結果を確認する

アングル切り替えの記録が終わったら、【マルチカメラ記録開始/停止】ボタン（[0]キー）をクリックして記録を終了します❶。マルチカメラ編集が完了すると、アングルの切り替わりを記録したポイントでネストのクリップが分割されています❷。

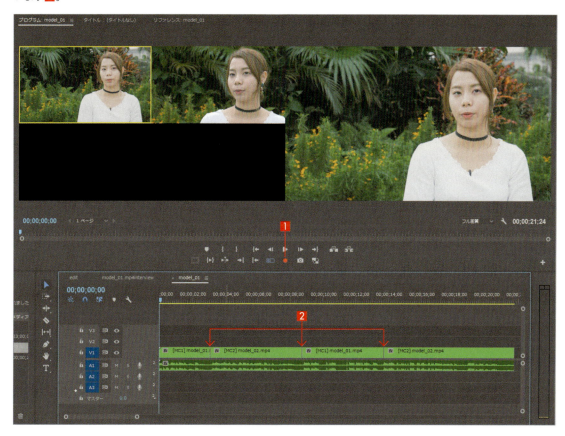

【次の編集ポイントへ移動】ボタン をクリックして❸、【時間インジケーター】 を移動します。

【時間インジケーター】を0秒の位置に移動して、【再生】ボタン（Space キー）をクリックしてプレビューします 4 。
アングルの切り替えが適用されて、右の出力モニターで確認できます 5 。

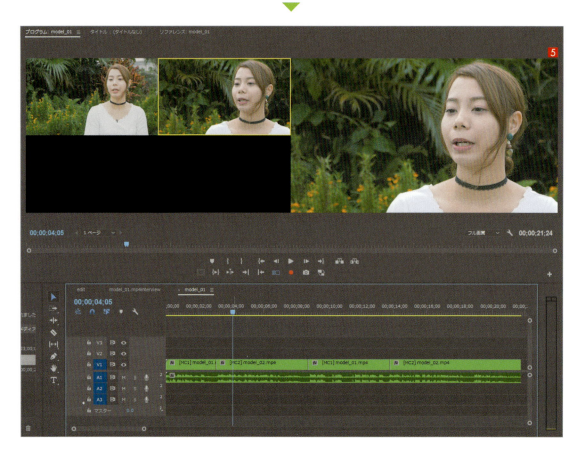

06 インタビューのテロップを作成する

【マルチカメラ表示を切り替え】ボタン■（Shift＋0キー）をクリックして、通常の**【コンポジットビデオ】**に戻ります**1**。

ワークスペースを**【グラフィック】**に切り替えます**2**。
【エッセンシャルグラフィックス】パネルの**【編集】**タブをクリックして**3**、**【横書き文字ツール】**（Tキー）を選択し**4**、
【プログラム】モニターパネルをクリックします**5**。
【プログラム】モニターパネルに赤い枠の長方形が表示され、直接テキストが入力できる状態になります**6**。

右図のように、テキストを入力します 7 。

次に、フォントを設定します。
【エッセンシャルグラフィックス】パネルの【テキスト】パラメーターで【フォント】を【Kozuka Gothic Pr6N】、【フォントスタイル】を【M】、【フォントサイズ】を【60】、【トラッキング】を【70】に設定します 8 。

続けて、【整列と変形】パラメーターの【水平方向中央】ボタン◙をクリックして【位置】の【Y軸】に【1001.8】を入力し 9 、テキストのレイアウトを画面の中央下に配置します 10 。

最後に、【アピアランス】パラメーターを設定します。【塗り】を白【#FFFFFF】に設定して 11 、【シャドウ】の【不透明度】を【100%】、【角度】を【135度】、【距離】を【3.0】、【ブラー】を【8】にそれぞれ数値を入力します 12 。

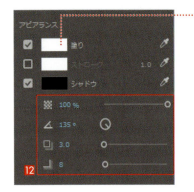

【マルチカメラ編集】で分割した編集点を基準として、残りのグラフィッククリップにもテキストを入力していきます[13]。

これで、インタビュー動画が完成しました。

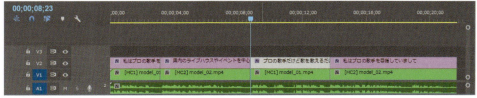

Section 3-2 さまざまなルックス(色調)の作り方

色調を加工する「カラーグレーディング」を活用することで動画の世界観を深めらることができます。Premiere Proには、【Lumetriカラー】パネルという強力なツールが搭載されています。

01 新規プロジェクトの作成

【ファイル】メニューの【新規】から【プロジェクト】(Ctrl + Alt + Nキー)を選択します 1 。
【新規プロジェクト】ダイアログボックスの【名前】と【場所】を設定します。
ここでは【名前：3-2】として 2 、【OK】ボタンをクリックします 3 。

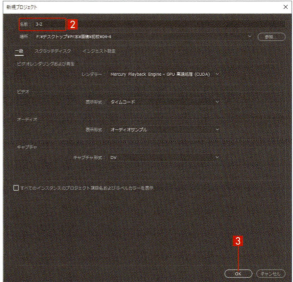

02 新規シーケンスの作成

【ファイル】メニューの【新規】から【シーケンス】（Ctrl+Nキー）を選択します1。
【新規シーケンス】ダイアログボックスの【シーケンスプリセット】タブから【AVCHD】→【1080p】を開き2、
【AVCHD 1080p30】を選択します3。
【シーケンス名】に【edit】と入力して4、【OK】ボタンをクリックすると5、タイムラインが開きます。

03 素材の読み込みと配置

【ファイル】メニューの【読み込み】（Ctrl+Iキー）を選択します1。
【読み込み】ダイアログボックスで素材フォルダー【3-2】からファイル【model.mp4】を選択して2、【開く】ボタンをクリックすると3、【プロジェクト】パネルにファイルが読み込まれます。

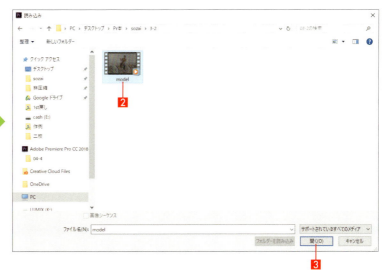

【プロジェクト】パネルの【model.mp4】を【タイムライン】パネルの【V1】トラックの0秒の位置にドラッグ&ドロップして配置します❹。

【再生】ボタン▶をクリックして動画をプレビューすると、コントラストと彩度の低いモヤッとした色調の動画が確認できました❺。

04 Log撮影した動画素材について

Log撮影は、撮影後に映像を加工することを前提とした撮影方法で、「色域」「ダイナミックレンジ」「階調」を幅広く記録した動画データです。

通常の撮影で収録した素材の、潰れてしまった黒い部分や飛んでしまった白い部分は、後から復元することはできません。Log撮影では、こういった階調表現を重視してきれいに収録しておくことで、後から映像のトーンや色調を加工（カラーグレーディング）することで、より表現力の深い映像に仕上げることができます。

ここでは、SONYのLogデータ「**S-Log**」で収録した素材でカラーグレーディングを行っていきます。

> **TIPS 通常の撮影データでもカラーグレーディングできる**
>
> カラーグレーディングは、Log撮影ではない通常の撮影データでも同じ作業で行うことができますが、Log撮影した素材のほうが繊細なトーンや色調の作りこみができます。慣れてきたら、同じ素材で通常撮影とLog撮影を行い、比較しながらカラーグレーディングしてみましょう。その表現力の違いが見えてきます。

05 【Lumetriカラー】パネルを表示する

Premiere Pro CC 2018のカラーグレーディングは、【**Lumetriカラー**】パネルを使用します。【ワークスペースの切り替え】メニューから【カラー】をクリックして選択すると❶、【**Lumetriカラー**】パネルが表示されます❷。

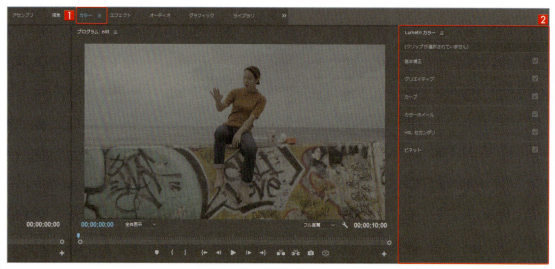

06 Lumetriカラーを使ったカラーグレーディング

【タイムライン】パネルの素材【model.mp4】をクリックして選択した状態にすると、【Lumetriカラー】の設定の対象になります。
【Lumetriカラー】パネルには、上から【基本補正】【クリエイティブ】【カーブ】【カラーホイール】【HSL セカンダリ】【ビネット】の6つのセクションがあります。基本的には、上から順に必要なものを設定します。

A 基本補正

【基本補正】タブをクリックして、設定内容を表示します。【基本補正】では、カラーグレーディングの開始点となるベーストーンを作成します。
まず、**LUT**を設定してLog素材に基本の色調を復元します。ここでは、【LUT設定】のプリセットから【ALEXA_Default_LogC2Rec709】を選択して適用します❶。
モヤっとしていた画像が、少しだけ通常の撮影素材に近いトーンに再現されました。

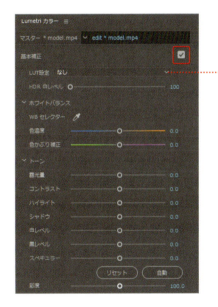

> **TIPS LUTとは？**
>
> 【LUT】は「ルックアップテーブル（Look Up Table）」の略称で、光や色の情報が記録されたデータのことです。【LUT】を適用することで、Log素材に色調を入れることができます。
> Premiere Proには何種類かの【LUT】がプリセットして搭載されています。他にもメーカーが自社のカメラ用の【LUT】を無償配布している場合がありますので、ダウンロードして使用することもできます。

LUT適用前

LUT適用後

ここで、【ホワイトバランス】がおかしい場合は、【WBセレクター】のスポイトアイコン🔲をクリックして選択し❷、画面上の本来白く映っているべき場所を選択することで、本来、白い部分が白くなるように自動で色補正を行います。
【WBセレクター】は、複数のカットで色を合わせるときに非常に役立ちます。
今回は、手動で設定を行います。【色温度】の数値を【-20】に設定します❸。
次にベーストーンを作成します。【トーン】の下方にある【自動】ボタンをクリックすると❹、ベースとなるトーンが作成できます。【マスター】タブをクリックして❺、【ソースモニター】パネル（Shift + 2 キー）を表示すると❻、カラー調整の前後を比較できます。

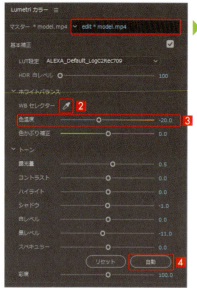
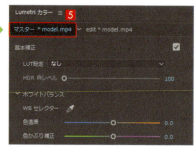

【Lumetriカラー】の作業は【マスター】ではなく、【edit * model.mp4】タブに戻して行います❼。
ベーストーンをもう少し調整したい場合は、【トーン】で明るさやコントラストを調整したり、【彩度】で色の乗り具合を調整します。ここでは、【露光量】を【0.9】❽、【ハイライト】を【3.8】❾、【白レベル】を【-3.8】❿、【黒レベル】を【41.6】⓫に変更して、自動設定よりもう少し明るいトーンのベースに設定しておきます。

これで、ベースとなるカラートーンが作成できました。

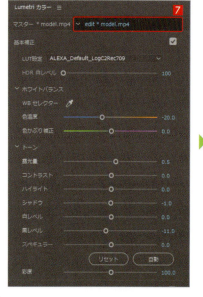
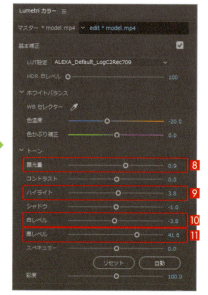

Section 3-2 さまざまなルックス（色調）の作り方

> ● **TIPS** 通常の動画素材は、【LUT】を使用しなくてもよい
>
> Log撮影ではない通常の動画素材には元のトーンが入っているので、【基本補正】で【LUT】を使用する必要がありません。この場合は、【ホワイトバランス】と【トーン】を調整してベーストーンを作成します。

B クリエイティブ

【クリエイティブ】では、動画の仕上がりトーンの方向性を決める【LOOK】を設定します。さまざまなフィルムなどの色調を再現できるLUTを適用することで、お好みの【LOOK】（色調）に仕上げていくことができます。
【LOOK】のプルダウンメニューには、色調のLUTプリセットが用意されています❶。
ここでは、【CineSpace2383sRGB6bit】を選択して使用します❷。

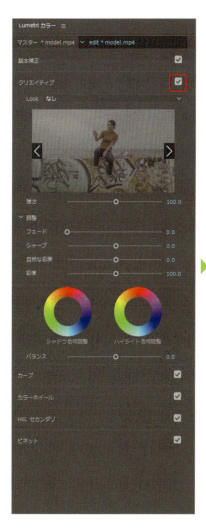
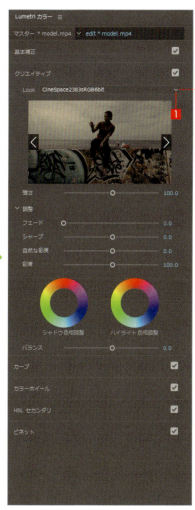

> ● **TIPS** 【LOOK】の適用後をプレビューする
>
> 【LOOK】の下にあるプレビュー画面の❮ ❯をクリックすると、【LOOK】を適用した後のイメージを確認しながらLUTを選択することもできます。その場合は、確認後にプレビュー画面をクリックすると、【LOOK】が適用されます。

【強さ】で【LOOK】の強さ（かかり具合）を調整します。ここでは強すぎるので、【30】に設定します❸。
【調整】を使用すると、【LOOK】のトーンを調整できます。ここでは【シャドウ色相調整】で暗い部分を少し水色寄りに、【ハイライト色相調整】で明るい部分を少し黄色寄りに設定します❹。

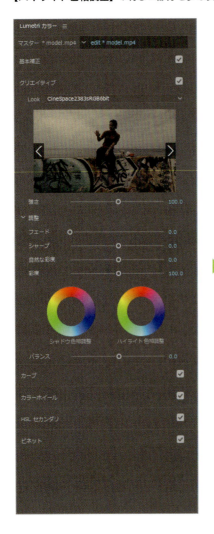

これで、仕上がりイメージに向けたトーンが作成できました。

Section 3-2 さまざまなルックス(色調)の作り方

C カーブ

【カーブ】では、明るさやコントラスト、色相・彩度の調整を行います。

【RGBカーブ】でプレビュー画面を見ながら、カーブを動かしてイメージに近づけていきます。さらに必要な場合は、【色相/彩度カーブ】で色相ごとの彩度を調整します。

調整した色相のカラーアイコンをクリックすると 1 ポイントが作成されるので、そのポイントを移動して調整を行います。

ここでは、【青】を選択してジーンズの青味を落としています 2 。

D カラーホイール

【カラーホイール】では、【シャドウ】【ミッドトーン】【ハイライト】の動画の部分ごとに明るさと色相を設定できます。

ここでは、【ミッドトーン】の色相を少し黄色寄りに設定します 1 。

これで、ほぼ完成のイメージになりました。

123

E HSLセカンダリ

【HSLセカンダリ】では、選択した特定の【キー】（特定の色域）のみを調整できます。

ここでは、赤味の強いフライドポテトの箱の色味を抑えて存在感を減らします。

【設定カラー】のスポイドでフライドポテトの箱をクリックして、色を選択します 1 。

【カラー/グレー】にチェックを入れると、設定カラーで選択された部分だけが表示されます 2 。

次に、【H】、【S】、【L】のスライダーをそれぞれ動かして、選択範囲を調整します 3 。

フライドポテトの箱の赤味の選択範囲が決まったら、【カラー/グレー】のチェックを外して 4 、色味を調整します。

ここでは、【コントラスト】を【-30】、【彩度】を【60】に設定します 5 。

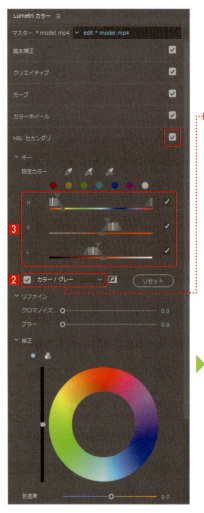

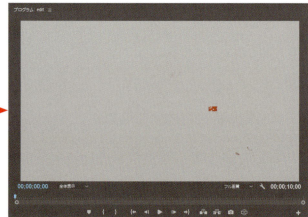

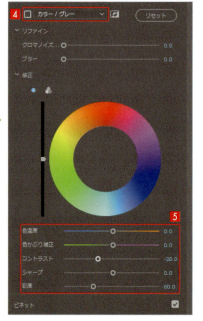

これで、色味を抑えて存在感を減らすことができました。

F ビネット

【ビネット】では、動画のエッジ（縁）を加工して作品の雰囲気を高めることができます。
ここでは、【適用量：-1.7】 1 、【拡張：68】 2 、【角丸の割合：15】 3 、
【ぼかし：43】 4 に設定しました。

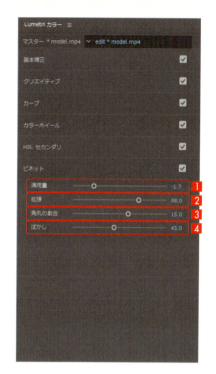

これで、【Lumetriカラー】を使ったカラーグレーディングが完成しました。
　この作例は、カラーグレーディングを行う流れの一例です。次は、ご自身の撮影した動画素材で実際にグレーディングを行ってみてください。

カラーグレーディング前　　　　　　　　　　　カラーグレーディング後

125

Chapter 3　Premiere Pro 中級編　さまざまな動画の制作

Section 3
3　インパクトのある画面切り替え

ここでは、ハリウッド映画のような映像を観る人の印象に残る、カットの切り替え演出について紹介します。

01　新規プロジェクトの作成

【ファイル】メニューの【新規】から【プロジェクト】（ Ctrl + Alt + N キー）を選択します１。
【新規プロジェクト】ダイアログボックスの【名前】と【場所】を設定します。
ここでは【名前：3-3】として２、【OK】ボタンをクリックします３。

126

Section 3-3 インパクトのある画面切り替え

02 新規シーケンスの作成

【ファイル】メニューの【新規】から【シーケンス】(Ctrl+Nキー)を選択します 1 。
【新規シーケンス】ダイアログボックスの【シーケンスプリセット】タブから【AVCHD】→【1080p】を開き 2 、
【AVCHD 1080p30】を選択します 3 。
【シーケンス名】に【edit_01】と入力して 4 、【OK】ボタンをクリックすると 5 、タイムラインが開きます。

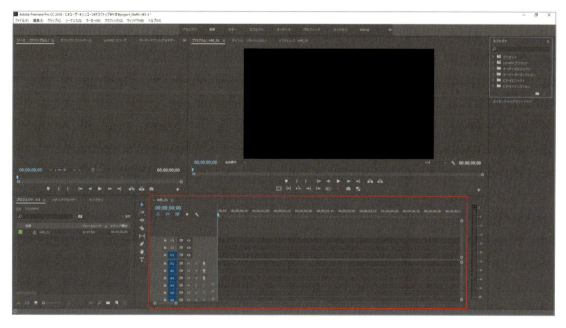

作成した【edit_01】を選択して6、【編集】メニューの【コピー】（Ctrl+Cキー）を選択し7、続けて【編集】メニューの【ペースト】（Ctrl+Vキー）を選択して8、【edit_01】を複製します9。
複製した【edit_01】のテキスト部分をクリックして10、【edit_02】に名前を変更します11。

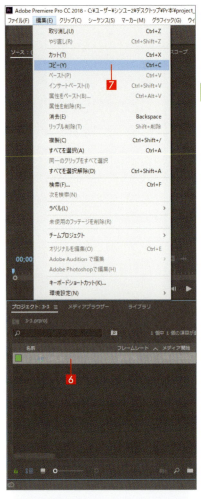
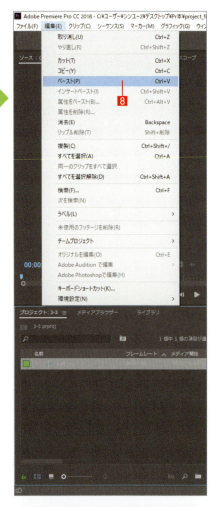

03 素材の読み込みと配置

【ファイル】メニューから【読み込み】（Ctrl + I キー）を選択します 1 。
【読み込み】ダイアログボックスで素材フォルダー【3-3】からファイル【insert_01.mp4】～【insert_04.mp4】を選択して 2 、【開く】ボタンをクリックすると 3 、【プロジェクト】パネルにファイル【insert_01.mp4】～【insert_04.mp4】が読み込まれます 4 。

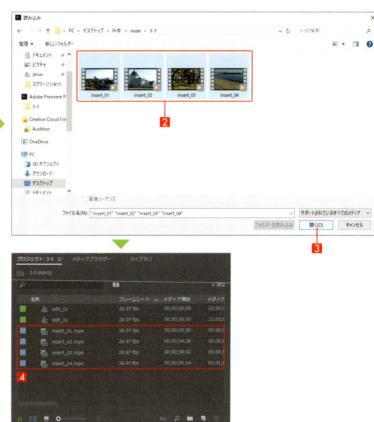

04 調整レイヤーを設定する

【プロジェクト】パネルをクリックして、【ファイル】メニューの【新規】から【調整レイヤー】を選択します 1 。
【調整レイヤー】ダイアログボックスでそのまま【OK】ボタンをクリックして 2 、【調整レイヤー】を作成します。

【調整レイヤー】のテキストの部分をクリックして③、【調整レイヤー01】と名前を変更します④。

作成した【調整レイヤー01】を選択して、【編集】メニューの【コピー】（Ctrl + C キー）➡【編集】メニューの【ペースト】（Ctrl + V キー）で【調整レイヤー01】を複製します⑤。【調整レイヤー01】のテキストの部分をクリックして⑥、【調整レイヤー02】と名前を変更します⑦。

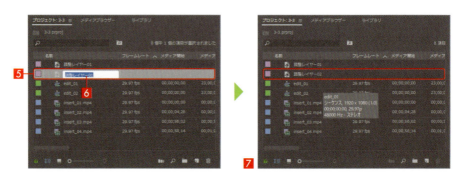

05 【ビデオエフェクト】を適用する

ここで使用する素材クリップは、【insert_01.mp4】と【insert_02.mp4】の2つのクリップです。【調整レイヤー01】を【V2】トラック①、【調整レイヤー02】を【V3】トラック②にそれぞれ配置します。

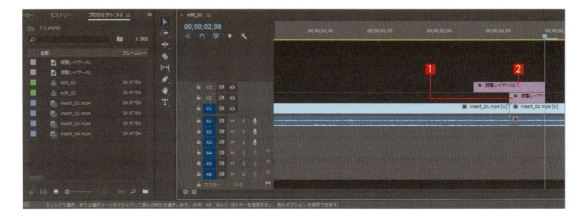

Section 3-3 インパクトのある画面切り替え

【V3】トラックの【調整レイヤー02】は【00;00;02;03】から6フレーム進めた【00;00;02;09】までの位置に、【V2】トラックの【調整レイヤー01】は【00;00;02;06】から3フレーム進めた【00;00;02;09】までの位置にそれぞれ配置します。まずは、【V2】トラックの【調整レイヤー01】3 に【ビデオエフェクト】→【スタイライズ】→【複製】を適用します 4 。

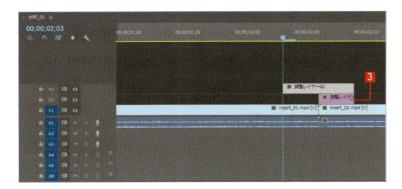

【カウント】の数値を【3】に設定すると 5 、画面が9分割されます 6 。

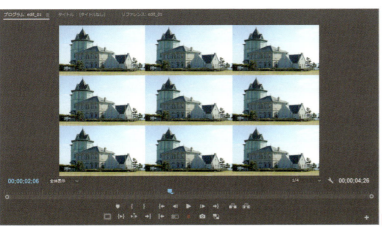

131

次に、【ビデオエフェクト】➡【ディストーション】➡【ミラー】を適用します 7 。【反射角度】を【90度】 8 、【反射の中心】のY軸を【718】 9 （クリップの継ぎ目が消えるぐらい）に設定します。

続けて、【ビデオエフェクト】➡【ディストーション】➡【ミラー】を適用します。【反射角度】を【90度】 10 、【反射の中心】のY軸を【718】 11 （クリップの継ぎ目が消えるぐらい）に設定します。
さらに、【ビデオエフェクト】➡【ディストーション】➡【ミラー】を適用します。【反射角度】を【180度】 12 、【反射の中心】のX軸を【640】 13 （クリップの継ぎ目が消えるぐらい）に設定します。

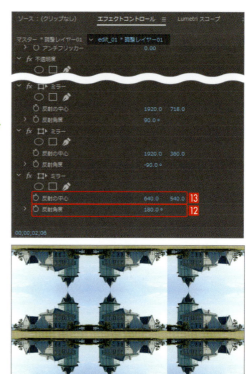

もう一度、【ビデオエフェクト】➡【ディストーション】➡【ミラー】を適用します。
【反射角度】を【360度】14、【反射の中心】のX軸を【1270】15（クリップの継ぎ目が消えるぐらい）に設定します。

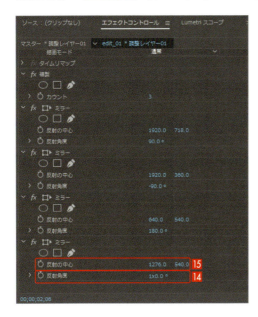

【V3】トラックにある【調整レイヤー02】16 を選択して、【ビデオエフェクト】➡【ディストーション】➡【変形】を適用します17。

【スケール】の左にある【アニメーションのオン/オフ】アイコン をクリックして 18 、【スケール】を【100】に設定し 19 、【調整レイヤー02】の開始ポイントにキーフレームを設定します 20 。

【時間インジケーター】 を【調整レイヤー02】の最後に移動して 21 、【スケール】を【300】に設定し 22 、【調整レイヤー02】の終了ポイントにキーフレームを設定します 23 。

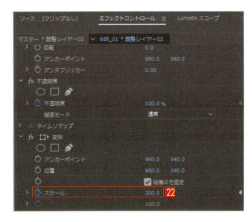
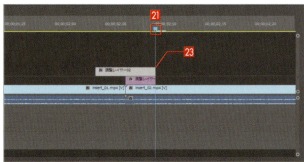

【コンポジションのシャッター角度を使用】のチェックを外して 24 、【シャッター角度】を【360】に設定します 25 。

これで、スムーズにズームするインパクトのある画面切り替えアクションが完成しました。

06 パントランジションの作成

ここで使用する素材クリップは、【insert_03.mp4】と【insert_04.mp4】の2つのクリップです。1つ目のクリップをワイプアウト用の素材【insert_03.mp4】 **1**、2つ目のクリップをワイプイン用の素材【insert_04.mp4】 **2** として、【edit_02】シーケンスの【タイムライン】パネルに並べます。

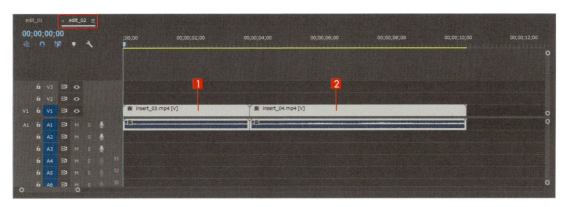

【レーザーツール】 （Cキー）を選択して **3**、クリップ【insert_03.mp4】を【再生インジケーター】の【00;00;02;12】の位置でカットします **4**。

カットした後ろのクリップは、 Delete キーで削除します 5 。

クリップ【insert_04.mp4】の【時間インジケーター】 の【00;00;04;00】の位置に合わせて、【レーザーツール】 （ C キー）でカットします 6 。カットした前のクリップは、 Delete キーで削除します 7 。

クリップ【insert_03.mp4】と【insert_04.mp4】を接合します 8 。

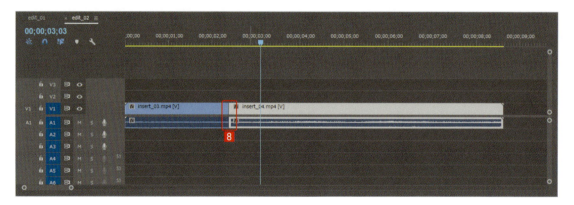

クリップ【insert_04.mp4】の開始地点にマウスポインターを近づけるとインポイントが表示されるので、その状態で右クリックして ９、ショートカットメニューから【デフォルトのトランジションを適用】を選択します １０。

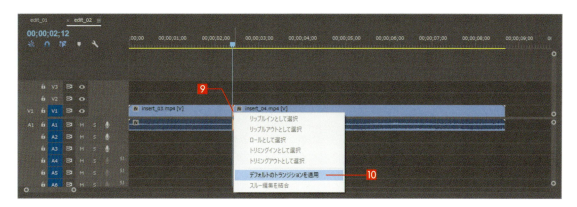

タイムラインのクリップの中に【クロスディゾルブ】と【コンスタントパワー】２つのトランジションが、クリップ【insert_03.mp4】と【insert_04.mp4】の間に適用されます １１。

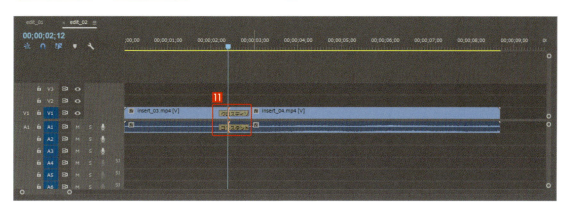

これで、急激にパンをして、画面が切り替わるアクションが完成しました。

Preview

Chapter 3 Premiere Pro 中級編 さまざまな動画の制作

Section 3-4 タイムリマップの作り方

ここでは、スピードが急激に速くなったり遅くなったりと、印象的に時間を操作するカット演出「タイムリマップ」について解説します。

01 新規プロジェクトの作成

【ファイル】メニューの【新規】から【プロジェクト】（ Ctrl + Alt + N キー）を選択します 1 。
【新規プロジェクト】ダイアログボックスの【名前】と【場所】を設定します。
ここでは【名前：3-4】として 2 、【OK】ボタンをクリックします 3 。

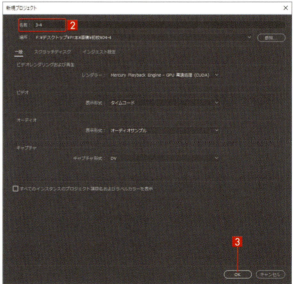

138

02 新規シーケンスの作成

【ファイル】メニューの【新規】から【シーケンス】（Ctrl＋Nキー）を選択します 1 。
【新規シーケンス】ダイアログボックスの【シーケンスプリセット】タブから【AVCHD】→【1080p】を開き 2 、
【AVCHD 1080p30】を選択します 3 。
【シーケンス名】に【edit】と入力して 4 、【OK】ボタンをクリックすると 5 、タイムラインが開きます。

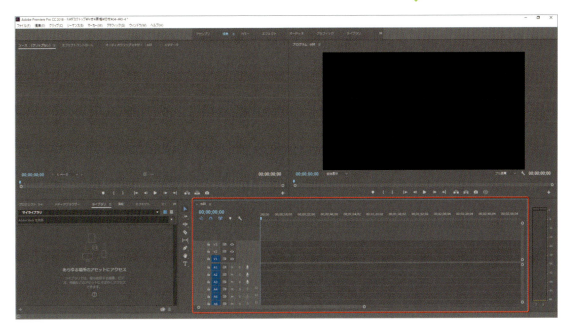

03 素材の読み込みと配置

【ファイル】メニューから【読み込み】（Ctrl + I キー）を選択します❶。
【読み込み】ダイアログボックスで素材フォルダー【3-4】からファイル【model.mp4】を選択して❷、【開く】ボタンをクリックすると❸、【プロジェクト】パネルにファイル【model.mp4】が読み込まれます❹。
【プロジェクト】パネルの【model.mp4】を【タイムライン】パネルの【V1】トラックの0秒の位置にドラッグ＆ドロップして配置します❺。

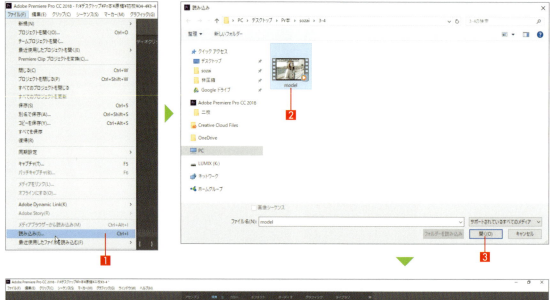

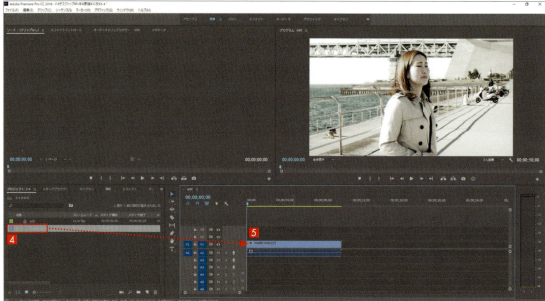

【再生】ボタン ▶ をクリックして動画をプレビューすると、女性の周りをカメラがゆっくり回り込む素材が確認できます。こちらの素材にタイムリマップを適用して、印象的なシーンに仕上げていきます。

04 タイムリマップの適用

動画の速度を可変させるためには、【タイムリマップ】を使用します。
【タイムライン】パネルの【V1】トラックに配置した動画をクリックして選択すると ❶、【エフェクトコントロール】パネル（ Shift + 5 キー）の【ビデオエフェクト】の中に【タイムリマップ】の項目が確認できます ❷。

05 倍速再生でスピードアップ

実際に、タイムリマップを適用していきましょう。
【タイムライン】パネルの【V1】トラックの表示を拡大します。
【FX】ボタンを右クリックして ❶、ショートカットメニューの【タイムリマップ】から【速度】を選択します ❷。

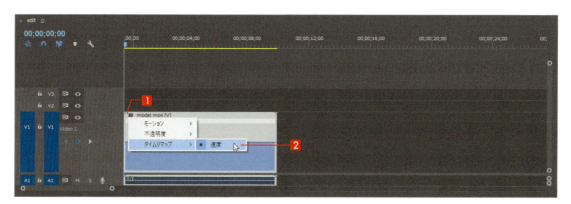

クリップにタイムリマップのラインが表示されます 3 。
【時間インジケーター】 を0秒に移動します 4 。タイムリマップのラインをドラッグして上に移動すると、【速度】の数値が上がり、素材の長さが変化します 5 。数値を上げて【800.00%】に設定します 6 。
このとき、Shiftキーを押しながらドラッグすると、5つ刻みで変化させることができます。

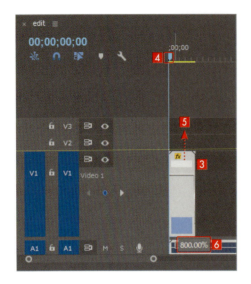
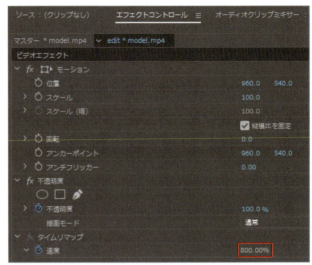

【800.00%】に設定したら、【再生】ボタン をクリックしてプレビューしてみると、早送りで再生されるようになりました。速度を800%に設定したので、8倍速再生となります。

06 スロー再生でスピードダウン

次に、スローを設定します。【時間インジケーター】 を20フレームに移動して 1 、【エフェクトコントロール】パネル（Shift + 5 キー）の【タイムリマップ】から【速度】の【キーフレームの追加/削除】 をクリックすると 2 、20フレームにキーフレームを追加します。
続けて、キーフレームより後ろの時間のタイムリマップのラインをドラッグして下に移動すると、【速度】の数値が下がります。ここでは、【25.00%】に設定します 3 。

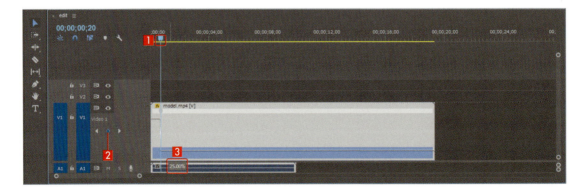

【25.00%】に設定したら、【再生】ボタン をクリックしてプレビューしてみると、キーフレーム以降の時間からスローになりました。速度を25.00%に設定したので、1/4倍速再生となります。

【時間インジケーター】を【6秒】に移動して 4、【キーフレームの追加/削除】をクリックしてキーフレームを追加します 5。2つ目のキーフレーム以降のタイムリマップのラインをドラッグして、【速度】を【800%】に設定します 6。

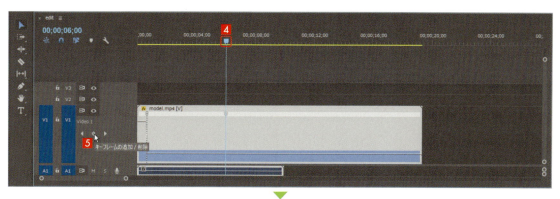

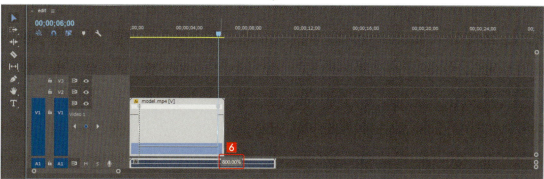

これで、高速からスローに再生され、また高速に戻る印象的なカットが完成しました。

07 速度変化を調整する

タイムリマップを使用すると、速度を増減させる時間の変化を変更できます。何も設定していない状態では、キーフレームを境に急激に速度が変化します。
そこで、追加したキーフレームを右にドラッグすると、キーフレームの範囲が作成されます 1。このキーフレームの範囲を設定することで、この範囲の時間の間に緩やかに速度が変化するようになります。さらに、範囲内のラインをクリックすると表示されるハンドルの方向を変えることで、滑らかさを微調整することもできます 2。

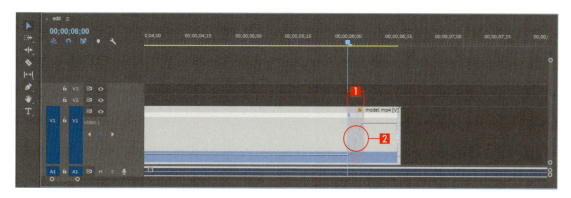

> ● **TIPS タイムリマップの効果は、音には適用できない**
>
> 【ビデオエフェクト】であるタイムリマップの効果は動画のみに適用され、音声に適用させることはできません。

Chapter 3　Premiere Pro 中級編　さまざまな動画の制作

Section 3

5 手ブレ補正

ここでは、撮影時の手ブレを補正する方法について解説します。

01　新規プロジェクトの作成

【ファイル】メニューの【新規】から【プロジェクト】（ Ctrl ＋ Alt ＋ N キー）を選択します。
【新規プロジェクト】ダイアログボックスの【名前】と【場所】を設定します。
ここでは【名前：3-5】として ２ 、【OK】ボタンをクリックします ３ 。

144

02 新規シーケンスの作成

【ファイル】メニューの【新規】から【シーケンス】（Ctrl+Nキー）を選択します1。
【新規シーケンス】ダイアログボックスの【シーケンスプリセット】タブから【AVCHD】→【1080p】を開き2、
【AVCHD 1080p30】を選択します3。
【シーケンス名】に【edit】と入力して4、【OK】ボタンをクリックすると5、タイムラインが開きます。

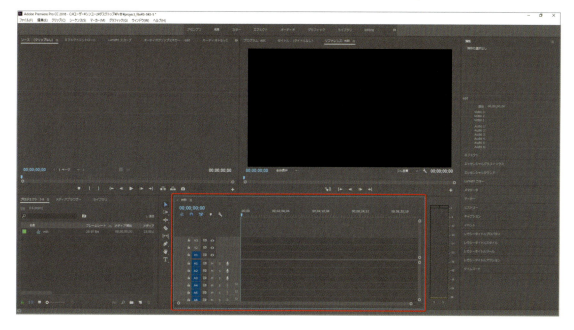

03 素材の読み込みと配置

【ファイル】メニューから【読み込み】（Ctrl＋Iキー）を選択します❶。
【読み込み】ダイアログボックスで素材フォルダー【3-5】からファイル【model.mp4】を選択して❷、【開く】ボタンをクリックすると❸、【プロジェクト】パネルにファイル【model.mp4】が読み込まれます❹。
【プロジェクト】パネルの【model.mp4】を【タイムライン】パネルの【V1】トラックの0秒の位置にドラッグ＆ドロップして配置します❺。

Section 3-5 手ブレ補正

04 【ワープスタビライザー VFX】を適用する

シーケンス上にあるエフェクトを適用する対象のクリップを選択してから、【エフェクト】パネル（ Shift + 7 キー）の【ビデオエフェクト】➡【ディストーション】にある【ワープスタビライザーVFX】を選択してダブルクリックします 1 。バックグラウンドでクリップの分析が開始されて、【プログラム】モニターパネルにメッセージが表示されます 2 。
同時に、【エフェクトコントロール】パネル（ Shift + 5 キー）の【ワープスタビライザーVFX】のパラメーターに残り時間と進捗が表示されます 3 。

05 アニメーションをプレビューする

クリップの分析が終了すると、再び【プログラム】モニターパネルにメッセージが表示されます 1 。
【タイムライン】パネルに赤いバーが表示された場合は 2 、そのままプレビューしてもスムーズに再生できません。

【ワークエリアバー】で範囲を指定して、【シーケンス】メニューの【インからアウトをレンダリング】を選択して③、レンダリングを実行します④。

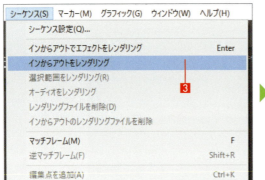
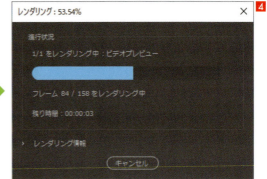

レンダリング終了後に【タイムライン】パネルの赤いバーが緑色になると⑤、【プログラム】モニターパネルでスムーズにプレビューできるようになります。

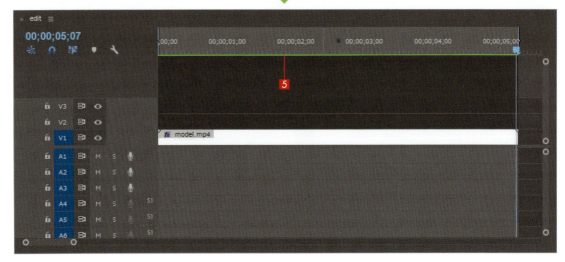

Section 3-5 手ブレ補正

06 ワープスタビライザーのオプション設定

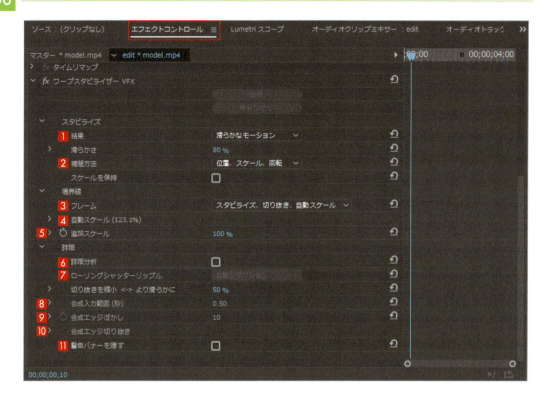

スタビライズ

1【結果】
【滑らかなモーション】元素材クリップのカメラの動きを残しながら補正します（デフォルト）。
【モーションなし】ブレを完全に除去します。

2【補間方法】 スタビライズ方式を選択します。
【位置】位置のみをスタビライズします。
【位置、スケール、回転】カメラが傾いたり前後して、対象物の大きさが変わる素材をスタビライズします。
【遠近】フレーム全体が効果的にコーナーピンされるスタビライズです。
【サブスペースワープ】（デフォルト）フレーム内を不均等に歪めて、トラッキングポイントに合わせようと試みます。

境界線

3【フレーム】
【スタビライズのみ】移動するエッジを含めてフレーム全体を表示します。また、画像をスタビライズするのにどの程度の処理が行われたかを示します。
【スタビライズ、切り抜き】素材の大きさが100%のまま上下左右が切り取られます。
【スタビライズ、切り抜き、自動スケール】（デフォルト）フレームサイズにフィットするように自動的にリサイズされます。
【スタビライズ、エッジを合成】移動するエッジによって生じる空間を、前のフレームおよび後のフレームの内容で埋めます。

4【自動スケール】 現在の自動スケール値が表示され、自動スケールの制限値を設定することができます。
※【自動スケール】を有効にするには、フレームを【スタビライズ、切り抜き、自動スケール】に設定します。
【最大スケール】クリップがスタビライズ用に拡大される際の、最大値を制限します。
【アクションセーフマージン】値が0以外の場合、表示しない画像のエッジの周囲に境界が設定され、自動スケールによって埋められないようになります。

5【追加スケール】 元クリップを拡大します。

詳細

6【詳細分析】 有効にすると、各分析オプションが機能します。ただし、処理に時間がかかります。

7【ローリングシャッターリップル】 ローリングシャッターによって発生するゆがみを補正することができます。通常は【自動リダクション】ですが、素材に大きなゆがみがある場合は【拡張リダクション】を使用します。

8【合成入力範囲(秒)】【スタビライズ、エッジを合成】フレームを使用している場合に、不足しているピクセルを補うのに必要な合成処理の前後時間範囲を制御します。

9【合成エッジぼかし】【スタビライズ、エッジを合成】を選択しているときに、合成された部分のぼかし量を選択します。

10【合成エッジ切り抜き】【スタビライズ、エッジを合成】を選択しているときに、他のフレームとの合成前に各フレームのエッジをトリミングします。

11【警告バナーを隠す】 表示された再分析の警告バナーを非表示にします。

Section 3

6 自動モザイクの作り方

歩いている特定の人物の顔だけにモザイクを付けて、追従する方法について解説します。

01 新規プロジェクトの作成

【ファイル】メニューの【新規】から【プロジェクト】（Ctrl + Alt + N キー）を選択します 。
【新規プロジェクト】ダイアログボックスの【名前】と【場所】を設定します。
ここでは【名前：3-6】として ❷、【OK】ボタンをクリックします ❸。

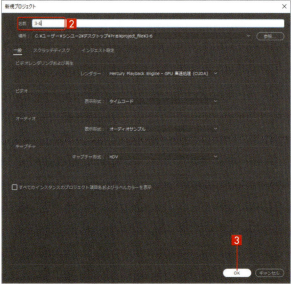

02 新規シーケンスの作成

【ファイル】メニューの【新規】から【シーケンス】（Ctrl＋Nキー）を選択します❶。
【新規シーケンス】ダイアログボックスの【シーケンスプリセット】タブから【AVCHD】→【1080p】を開き❷、
【AVCHD 1080p30】を選択します❸。
【シーケンス名】に【edit】と入力し❹、【OK】ボタンをクリックすると❺、タイムラインが開きます。

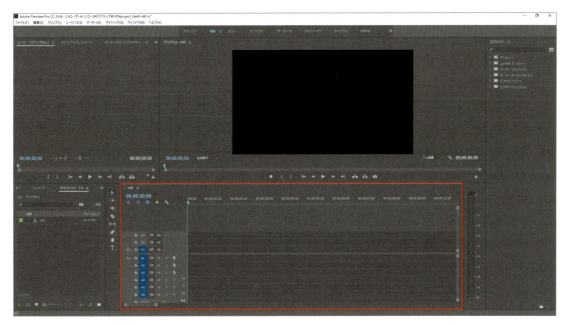

03 素材の読み込みと配置

【ファイル】メニューから【読み込み】（Ctrl + I キー）を選択します■。
【読み込み】ダイアログボックスで素材フォルダー【3-6】からファイル【model.mp4】を選択して②、【開く】ボタンをクリックすると③、【プロジェクト】パネルにファイル【model.mp4】が読み込まれます④。
【プロジェクト】パネルの【model.mp4】を【タイムライン】パネルの【V1】トラックの0秒の位置にドラッグ＆ドロップして配置します⑤。

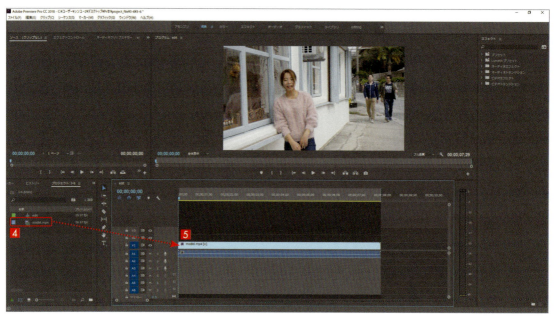

Section 3-6 自動モザイクの作り方

04 【モザイク】を適用する

【タイムライン】パネルにあるエフェクトを適用するクリップ【model.mp4】を選択してから■、【エフェクト】パネル（Shift+7キー）の【ビデオエフェクト】→【スタイライズ】にある【モザイク】を選択してダブルクリックします■。

【エフェクトコントロール】パネル（Shift+5キー）に【モザイク】が適用されます。【水平ブロック】と【垂直ブロック】をそれぞれ【40】に設定します■。数値が大きいほど、モザイクの目が細かくなります。

またモザイクの各タイルのカラーを、四角形の中央のピクセルのカラーにするには、「**シャープカラー**」を選択します 4。選択しなかった場合は、各タイルのカラーは元のクリップの四角形に入る部分を平均したカラーになります。

【モザイク】の一番上にある【円アイコン】■／【長方形アイコン】■／【ペンアイコン】✒をクリックすると 5、【プログラム】モニターパネルに【マスク】が表示されます 6。マスクの中にだけモザイクが反映されています。

【マスクの拡張】の【反転】にチェックを入れると 7、【マスク】以外の箇所にモザイクが反映されます 8。

Section 3-6 自動モザイクの作り方

映像に合わせて動くモザイクを作成する

歩いてくる男性2人にモザイクを適用していますが、動画なのでこのまま男性が動くと、モザイクが外れてしまいます。映像に合わせて動くモザイクを作成するには、以下の操作を行います。

A モザイクをかける対象物を**マスクツール**で囲みます **1**。マスクは複数作成することができます。

B 【マスクパス】の横にある【再生】ボタン▶をクリックします **2**。

C トラッキングが開始されます（【トラッキング】ダイアログボックスが起動します） **3**。

D トラッキングが終了したら、プレビューして確認します。

トラッキングの追従は、まれにうまく機能しないことがあります。その場合は、トラッキングが外れたポイントから再度トラッキングを適用し直すか、手動でマスクを動かしてキーフレームを設定する必要があります。

これで、モザイクが動く被写体に追従するようになりました。

155

Section 3

7 フリーズフレームを使用した分身動画

ここでは、走ってジャンプする人物の軌跡を印象的に表現するカットの演出方法について解説します。一連の動作の軌跡を見せたいときに役立つ映像表現です。

01 新規プロジェクトの作成

【ファイル】メニューの【新規】から【プロジェクト】（Ctrl + Alt + N キー）を選択します■。
【新規プロジェクト】ダイアログボックスの【名前】と【場所】を設定します。
ここでは【名前：3-7】として■、【OK】ボタンをクリックします■。

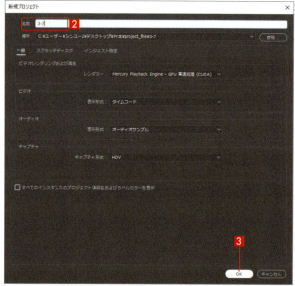

Section 3-7 フリーズフレームを使用した分身動画

02 新規シーケンスの作成

【ファイル】メニューの【新規】から【シーケンス】（Ctrl＋Nキー）を選択します■。
【新規シーケンス】ダイアログボックスの【シーケンスプリセット】タブから【AVCHD】→【1080p】を開き■、
【AVCHD 1080p60】を選択します■。
【シーケンス名】に【edit】と入力して■、【OK】ボタンをクリックすると■、タイムラインが開きます。

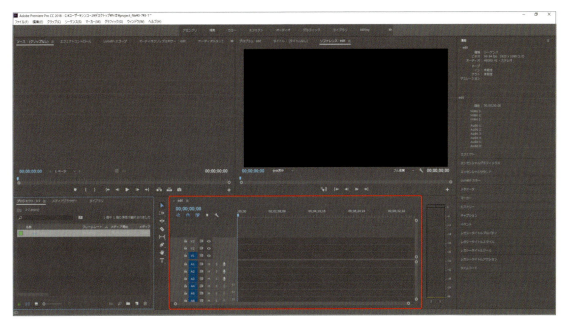

03 素材の読み込みと配置

【ファイル】メニューから【読み込み】（Ctrl＋Iキー）を選択します1。
【読み込み】ダイアログボックスで素材フォルダー【3-7】からファイル【model.mp4】を選択して2、【開く】ボタンをクリックすると3、【プロジェクト】パネルにファイル【model.mp4】が読み込まれます4。
【プロジェクト】パネルの【model.mp4】を【タイムライン】パネルの【V1】トラックの0秒の位置にドラッグ＆ドロップして配置します5。

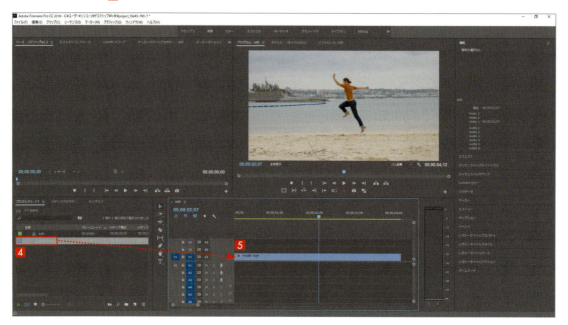

Section 3-7　フリーズフレームを使用した分身動画

04 静止画をキャプチャする

被写体の動きを止めたいフレームに【時間インジケーター】 を合わせます。
キャプチャする際に【時間インジケーター】 を合わせた場所で M キーを押すと 1、タイムラインにマーカーを追加できるので 2、編集点の目安になります 3。

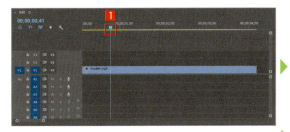

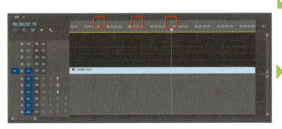

【プログラム】モニターパネルの下にある【フレームを書き出し】アイコン をクリックして（ Shift + Ctrl + E キー） 4、【時間インジケーター】 が止まっているフレームを書き出します。

【フレームを書き出し】ダイアログボックスで名前と書き出す形式を設定して 5、【プロジェクトに読み込む】にチェックを入れて 6、【OK】ボタンをクリックします 7。

> ◉ TIPS　フレームを書き出し
>
> 【フレームを書き出し】ダイアログボックスの【参照】ボタンをクリックすると、保存先を選択できます。また、書き出したフレームを削除すると【オフラインメディア】になりますので、注意してください。

159

【プロジェクト】パネルにキャプチャした静止画が読み込まれます8。

マーカーでチェックした編集点に、それぞれ静止画を配置します9。

05 静止画をマスクで切り抜く

マスクパスは【ペンツール】■（Pキー）を使用して、自由な形状を描画することもできます。
【タイムライン】パネルに配置されている【pic_01.png】を選択します１。【エフェクトコントロール】パネル（Shift + 5 キー）の【不透明度】にある【マスクツールアイコン】➡【ペンアイコン】■を選択します２。

TIPS 【ペンツール】■を使用して直線パスのセグメントを描画する

【ペンツール】■のポインターをセグメントの描画を開始する地点に移動し、クリックして最初の頂点を定義します１。
次に、書き始めのセグメントを終了させる地点でクリックします２。
【ペンツール】■のクリックを続けて、残りの直線セグメントの頂点を設定します３。
パスを書き終える場合は、最初に作成した頂点の上に【ペンツール】■を置きます。
正しく頂点が結べたら、書き終えたパスの周りに点線が表示されます４。

TIPS 【ペンツール】■を使用してベジェ曲線のパスセグメントを描画する

【ペンツール】■のポインターをセグメントの描画を開始する地点に移動し、クリックして最初の頂点を定義します１。
次に曲線を描きたいポイントに頂点を定義し、マウスボタンを押した状態で上下左右にドラッグすると、頂点に方向線が出現します２。
頂点の両方の方向線の長さと方向をドラッグしながら曲線を調整し、マウスボタンを放します３。
引き続き、別の場所に【ペンツール】■をドラッグして、一連の滑らかな曲線を作成します４。
パスを書き終える場合は、最初に作成した頂点の上に【ペンツール】■を置きます。
正しく頂点が結べたら、書き終えたパスの周りに点線が表示されます５。

人物の外側を囲っていくように、マスクパスを作成します❸。
【pic_02.png】【pic_03.png】【pic_04.png】にも、同じ工程でマスクパスを作成します❹❺❻。

マスクパスの切り抜きが終わったら、プレビューで確認します。
これで、女性が残像を残して、分身するクリップが完成しました。

Preview

Section 3-8 エンドロールの作り方

Section 3
8 エンドロールの作り方

ここでは、映画のエンドロールや縦長の画像をスクロールさせる演出方法について解説します。

01 新規プロジェクトの作成

【ファイル】メニューの【新規】から【プロジェクト】（Ctrl＋Alt＋Nキー）を選択します❶。
【新規プロジェクト】ダイアログボックスの【名前】と【場所】を設定します。
ここでは【名前：3-8】として❷、【OK】ボタンをクリックします❸。

163

02 新規シーケンスの作成

【ファイル】メニューの【新規】から【シーケンス】（Ctrl+Nキー）を選択します 1。
【新規シーケンス】ダイアログボックスの【シーケンスプリセット】タブから【AVCHD】→【1080p】を開き 2、
【AVCHD 1080p30】を選択します 3。
【シーケンス名】に【edit】と入力して 4、【OK】ボタンをクリックすると 5、タイムラインが開きます。

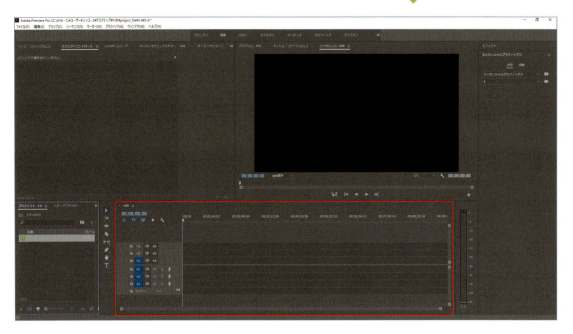

03 素材の読み込み

【ファイル】メニューから【読み込み】（Ctrl+Iキー）を選択します❶。
【読み込み】ダイアログボックスで素材フォルダー【3-8】からファイル【pic_01.jpg】〜【pic_05.jpg】を選択して❷、【開く】ボタンをクリックすると❸、【プロジェクト】パネルにファイル【pic_01.jpg】〜【pic_05.jpg】が読み込まれます❹。

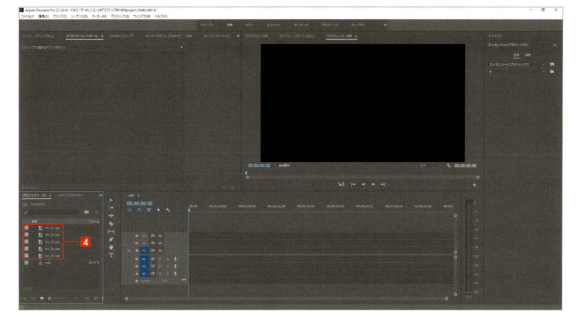

04 エッセンシャルグラフィックスを使用してエンドロール用のテキストを作成する

エンドロールテキスト用の縦長シーケンスの作成

【ファイル】メニューの【新規】から【シーケンス】（Ctrl + N キー）を選択します 1 。

【新規シーケンス】ダイアログボックスの【設定】タブを表示して 2 、【編集モード】から【カスタム】を選択します 3 。

【ビデオ】の【フレームサイズ】を【横：1920】【縦：3000】に設定します 4 。

【シーケンス名】に【roll】と入力して 5 、【OK】ボタンをクリックすると 6 、タイムラインが開きます。

Section 3-8 エンドロールの作り方

テキストを作成する

ワークスペースを【グラフィック】に切り替えます 1 。
【エッセンシャルグラフィックス】パネルの【編集】タブをクリックして 2 、【横書き文字ツール】 ■ （Tキー）を選択
し 3 、【プログラム】モニターパネルをクリックします 4 。
【プログラム】モニターパネルには赤い枠の長方形が表示され、直接テキストが入力できる状態になります 5 。

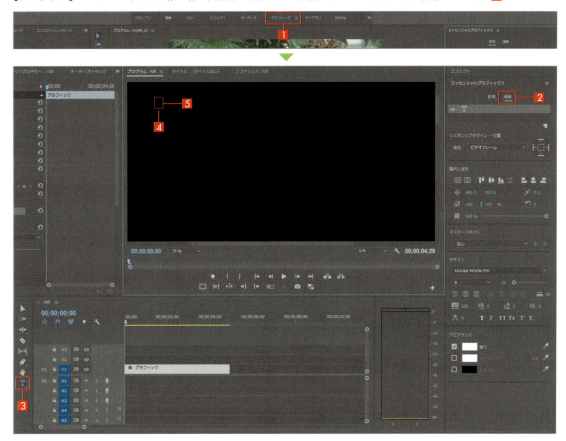

テキストを調整する

肩書とスタッフ名のパラメーターを調整します。
【横書き文字ツール】 ■ （Tキー）を選択して、テキストを選択します 1 。選択された部分は、半透明の赤色で囲まれます。
肩書のテキストを選択した状態で、【エッセンシャルグラフィックス】パネルの【フォント】で【Kozuka Mincho Pro】 2 、【フォントサイズ】を【32】 3 、【フォントスタイル】を【B】 4 、【トラッキング】を【629】 5 、【タブ幅】を【40】 6 に設定します。

167

次に、スタッフ名のパラメーターを調整します。
スタッフ名のテキストを選択した状態で、【エッセンシャルグラフィックス】パネルの【フォント】で【Kozuka Mincho Pro】 7 、【フォントサイズ】を【35】 8 、【フォントスタイル】を【H】 9 、【トラッキング】を【490】 10 、【タブ幅】を【40】 11 に設定します。

これで、ロールのレイアウトのベースは完成です。
完成したテキストを選択した状態で 12 、【編集】メニューの【コピー】（Ctrl + C キー）を選択してコピーします。
Enter キーを押して改行し、【編集】メニューの【ペースト】（Ctrl + V キー）を選択してペーストします 13 。
テキストを選択した状態で、肩書と名前を書き替えます 14 。この作業を繰り返して、リストのレイアウトを完成させます。
リストが完成したら、【整列と変形】にある【位置】のX軸を【1051.8】、Y軸を【128.3】に設定します 15 。
これで、ロール用のテキストが完成しました 16 。

05 背景用のスライドショーを作成する

新規シーケンスの作成

【ファイル】メニューの【新規】から【シーケンス】（Ctrl＋Nキー）を選択します1。
【新規シーケンス】ダイアログボックスの【設定】タブを表示して2、【編集モード】から【カスタム】を選択します3。
【ビデオ】の【フレームサイズ】を【横：740】【縦：1080】に設定します4。
【シーケンス名】に【bg_slide】と入力して5、【OK】ボタンをクリックすると6、タイムラインが開きます7。

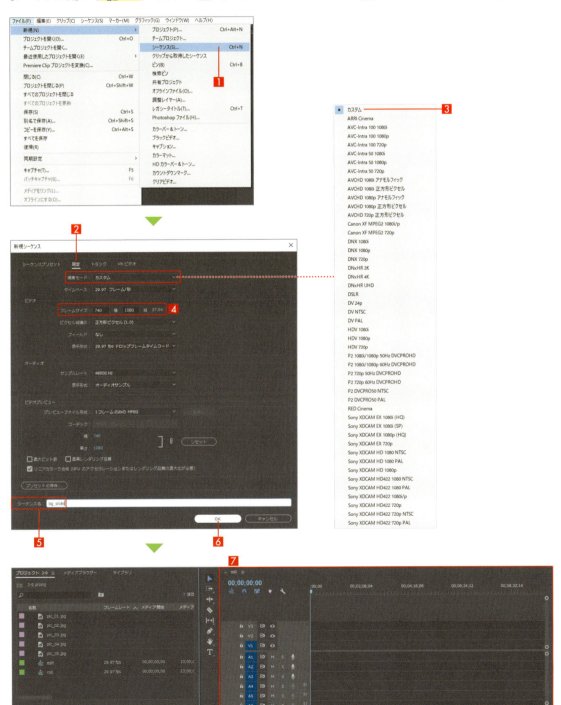

素材を配置する

【pic_01】〜【pic_05】を【タイムライン】パネルの【V1】〜【V5】トラックの0秒にドラッグ＆ドロップして順に配置します❶。
【時間インジケーター】をトラックの3秒に合わせてから❷、【pic_01】〜【pic_05】を選択します❸。
【レーザーツール】（Cキー）を選択して、トラックの3秒以降をカットします❹。
【pic_02】〜【pic_05】を3秒❺、6秒❻、9秒❼、12秒❽の位置にそれぞれ配置します。

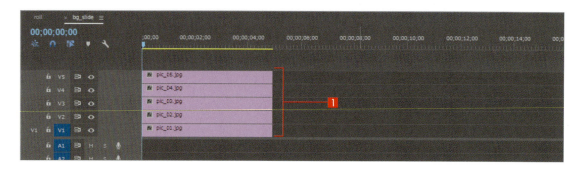

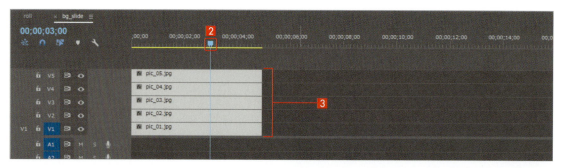

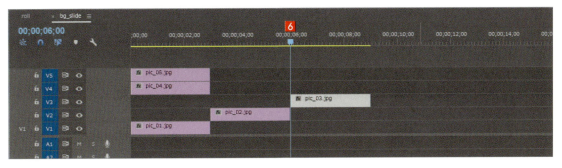

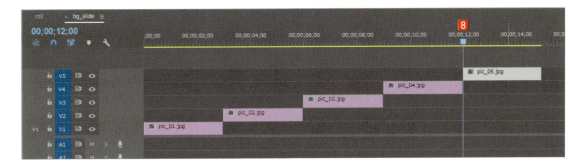

【pic_02】～【pic_05】の開始ポイントをそれぞれ15フレーム伸ばして、クリップが重なるようにします 9 。

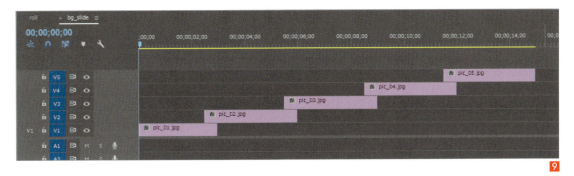

【pic_01】のアニメーションを設定する

【スケール】の左にある【アニメーションのオン/オフ】アイコンをクリックして❶、【pic_01】の開始ポイントに【スケール】を【37】にしたキーフレームを設定します❷。

【pic_01】の終了ポイントに【スケール】を【34】にしたキーフレームを設定します❸。

【位置】のX軸を【370】、Y軸を【507】に設定します❹。

【回転】を【-1】に設定して写真の水平を調整します。【アンカーポイント】のX軸を【1152】、Y軸を【1728】に設定します❺。

これで、ゆっくりズームアウトするようになりました。

【pic_02】のアニメーションを設定する

【スケール】の左にある【アニメーションのオン/オフ】アイコンをクリックして❶、【pic_02】の開始ポイントに【スケール】を【62】にしたキーフレームを設定します❷。

【pic_02】の終了ポイントに【スケール】を【69】にしてキーフレームを設定します❸。

【位置】のX軸を【-49.6】、Y軸を【570】に設定します❹。

【アンカーポイント】のX軸を【2048】、Y軸を【1365.5】に設定します❺。

【不透明度】の左にある【アニメーションのオン/オフ】アイコンをクリックして❻、【pic_02】の開始ポイントに【不透明度】を【0】にしたキーフレームを設定します❼。

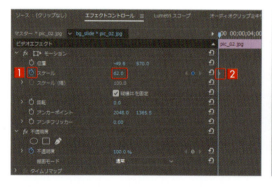
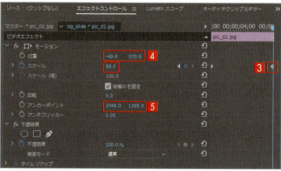
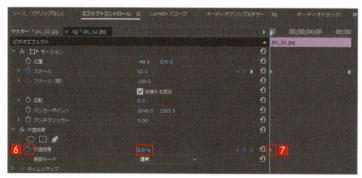

【pic_02】の開始ポイントから15フ
レーム後に 8 、【不透明度】を【100】
にしてキーフレームを設定します 9 。
これで、じんわりとフェードインす
るようになりました。

【pic_03】のアニメーションを設定する

【位置】の左にある【アニメーションのオン/オフ】アイコン をクリックして 1 、【pic_03】の開始ポイントに【位置】の
X軸を【131】、Y軸を【401】にしたキーフレームを設定します 2 。
【pic_03】の終了ポイントに【位置】のX軸を【154】、Y軸を【377】にしたキーフレームを設定します 3 。
【スケール】を【54】に設定します 4 。
【回転】を【-1.0】設定して水平を調整します 5 。
【アンカーポイント】のX軸を【2048】、Y軸を【1407.5】に設定します 6 。これで左下から右上にゆっくりと移動する
ようになりました。
【不透明度】の左にある【アニメーションのオン/オフ】アイコン をクリックして 7 、【pic_03】の開始ポイントに【不透
明度】を【0】にしてキーフレームを設定します 8 。
【pic_03】の開始ポイントから15フレーム後に 9 、【不透明度】を【100】にしたキーフレームを設定します 10 。
これで、じんわりとフェードインするようになりました。

【pic_04】のアニメーションを設定する

【位置】の左にある【アニメーションのオン／オフ】アイコン◎をクリックして**1**、【pic_04】の開始ポイントに【位置】のX軸を【-60.1】、Y軸を【404】でキーフレームを設定します**2**。
【pic_04】の終了ポイントに【位置】のX軸を【-67.1】、Y軸を【424】にしたキーフレームを設定します**3**。
【スケール】の左にある【アニメーションのオン／オフ】アイコン◎をクリックして**4**、【pic_04】の開始ポイントに【スケール】を【70】にしてキーフレームを設定します**5**。
【pic_04】の終了ポイントに【スケール】を【64】にしたキーフレームを設定します**6**。
これで、左上にむかってゆっくりズームアウトするようになりました。
【アンカーポイント】のX軸を【2048】、Y軸を【1365.5】に設定します**7**。
【不透明度】の左にある【アニメーションのオン／オフ】アイコン◎をクリックして**8**、【pic_04】の開始ポイントに【不透明度】を【0】にしたキーフレームを設定します**9**。
【pic_04】の開始ポイントから15フレーム後に**10**、【不透明度】を【100】にしたキーフレームを設定します**11**。
これで、じんわりとフェードインするようになりました。

【pic_05】のアニメーションを設定する

【位置】の左にある【アニメーションのオン/オフ】アイコン◎をクリックして①、【pic_05】の開始ポイントに【位置】のX軸を【57】、Y軸を【399】にしたキーフレームを設定します②。

【pic_05】の終了ポイントに【位置】のX軸を【12】、Y軸を【378】にしたキーフレームを設定します③。

【スケール】の左にある【アニメーションのオン/オフ】アイコン◎をクリックして④、【pic_05】の開始ポイントに【スケール】を【58】にしたキーフレームを設定します⑤。

【pic_05】の終了ポイントに【スケール】を【72】にしてキーフレームを設定します⑥。

これでゆっくり右上に向かってズームアップするようになりました。

【アンカーポイント】のX軸を【2048】、Y軸を【1365.5】に設定します⑦。

【不透明度】の左にある【アニメーションのオン/オフ】アイコン◎をクリックして⑧、【pic_05】の開始ポイントに【不透明度】を【0】にしてキーフレームを設定します⑨。

【pic_05】の開始ポイントから15フレーム後⑩に、【不透明度】を【100】にしたキーフレームを設定します⑪。これでじんわりとフェードインするようになりました。

これで、【pic_01】～【pic_05】それぞれのクリップにアニメーションが設定されました。

これで、エンドロール用の背景が完成しました。

Preview

06 エンドロールの完成

【プロジェクト】パネルの【edit】シーケンスを選択して右クリックし①、ショートカットメニューから【タイムラインで開く】を選択します②。
【プロジェクトパネル】から【bg_slide】シーケンスを【V1】トラックに、【roll】シーケンスを【V2】トラックにそれぞれ直接ドラッグして配置します③。

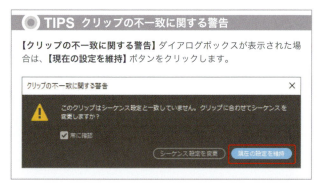

TIPS クリップの不一致に関する警告

【クリップの不一致に関する警告】ダイアログボックスが表示された場合は、【現在の設定を維持】ボタンをクリックします。

Section 3-8 エンドロールの作り方

【bg_slide】の【位置】のX軸を【503】、Y軸を【540】に設定します 4 。
【bg_slide】クリップを選択した状態で、【エフェクト】パネル（Shift + 7 キー）の【ビデオエフェクト】➡【描画】➡【レンズフレア】を選択してダブルクリックします。
【光源の位置】の左にある【アニメーションのオン／オフ】アイコン をクリックして 5 、【bg_slide】の開始ポイントに【光源の位置】のX軸を【-162】、Y軸を【6】にしてキーフレームを設定します 6 。

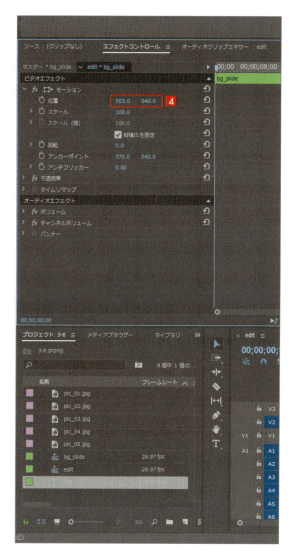
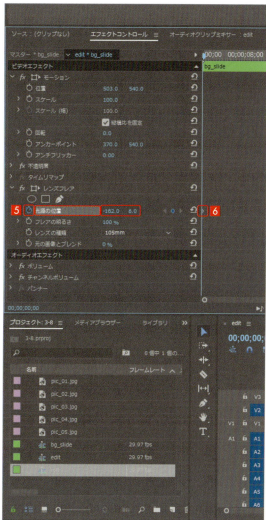

177

【bg_slide】の終了ポイントに【光源の位置】のX軸を【1243】、Y軸を【-6】にしてキーフレームを設定します7。
【フレアの明るさ】を【100%】8、【レンズの種類】を【105mm】9に設定します。
スライドショーに光のゆらぎを表現したアニメーションが完成しました10。

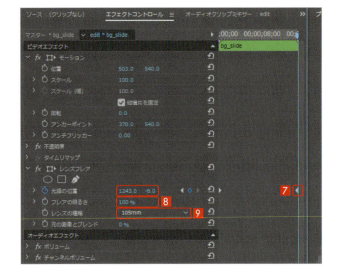

10

【roll】にアニメーションを設定します。
【位置】の左にある【アニメーションのオン/オフ】アイコンをクリックして11、【roll】の開始ポイントに【位置】のX軸を【960】、Y軸を【2490】にしてキーフレームを設定します12。

【時間インジケーター】の14秒のポイント13 に【位置】のX軸を【960】、Y軸を【-126】にしてキーフレームを設定します14。

入力したキーフレームを右クリックして、ショートカットメニューの【時間補間法】から【イーズイン】を選択すると15、キーフレームの形が変化します16。

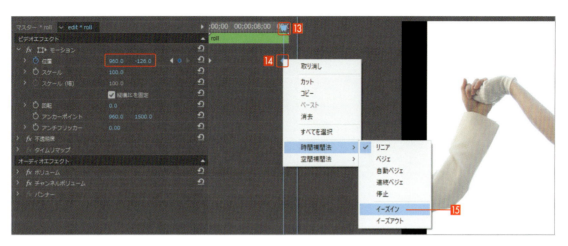

● TIPS 【イーズイン】の効果

【イーズイン】を適用することによって、キーフレームに近づくに従って前の値の変化を減速する効果があるので、ゆっくり滑らかに止まる効果が得られます。

これで、エンドロールが完成しました。

Preview

Section 3
9 手書き風タイトルの作り方

文字が一文字ずつ描かれるアニメーションを作成します。

01 新規プロジェクトの作成

【ファイル】メニューの【新規】から【プロジェクト】（Ctrl + Alt + N キー）を選択します**1**。
【新規プロジェクト】ダイアログボックスの【名前】と【場所】を設定します。
ここでは【名前：3-9】として**2**、【OK】ボタンをクリックします**3**。

Section 3-9 手書き風タイトルの作り方

02 新規シーケンスの作成

【ファイル】メニューの【新規】から【シーケンス】（Ctrl + N キー）を選択します 1 。
【新規シーケンス】ダイアログボックスの【シーケンスプリセット】タブから【AVCHD】➡【1080p】を開き 2 、
【AVCHD 1080p30】を選択します 3 。
【シーケンス名】に【edit】と入力して 4 、【OK】ボタンをクリックすると 5 、タイムラインが開きます。

03 素材の読み込みと配置

【ファイル】メニューの【読み込み】（Ctrl + I キー）を選択します 1 。
【読み込み】ダイアログボックスで素材フォルダー【3-9】からファイル【station.mp4】を選択して 2 、【開く】ボタンを
クリックすると 3 、【プロジェクト】パネルにファイルが読み込まれます。

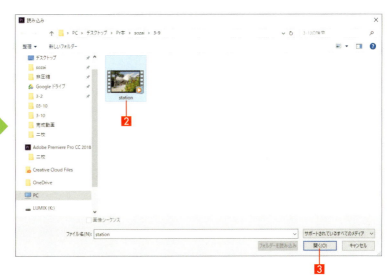

181

【プロジェクト】パネルの【station.mp4】を【タイムライン】パネルの【V1】トラックの0秒の位置にドラッグ＆ドロップして配置します❹。

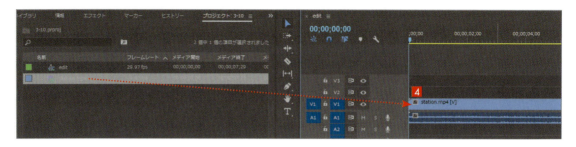

この動画素材を背景に、タイトルアニメーションを作成します。

04 タイトル文字の作成

　　　　　　【ファイル】メニューの【新規】から【レガシータイトル】を選択します❶。
【新規タイトル】ダイアログボックスで【名前】に【OKINAWA】と入力して、【OK】ボタンをクリックします❷。
【レガシータイトル】の作成ウィンドウが表示されます❸。
【横書き文字ツール】（Tキー）を選択して❹、画面上をクリックしてタイトル文字を入力します❺。ここでは、「OKINAWA」と入力します。
文字が入力できたら【選択ツール】（Vキー）に切り替えて、フォントや文字サイズ、配置を調整します。
【背景ビデオを表示】をオンにすることで、タイムラインの動画を背景として表示できます❻。

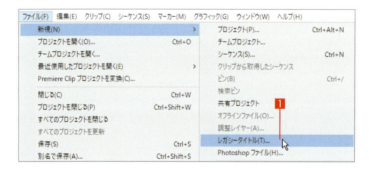

本書の作例の設定

```
フォント：CC Meanwhile　Bold Italic Std
サイズ：150
```

タイトル文字の設定が完了したら、【閉じる】ボタン×をクリックして【レガシータイトル】の作成ウィンドウを閉じます。さきほど作成した【OKINAWA】が【プロジェクト】パネルに追加されているので6、【タイムライン】パネルの【V2】トラックの0秒の位置にドラッグ＆ドロップして配置します7。
クリップの長さを背景素材の長さに合わせて伸ばします。これで、タイトル文字が作成できました。

05　手書き文字アニメーションの作成

手書きのように文字が描かれていくアニメーションを作成します。ここでは、【ブラシアニメーション】エフェクトを使用します。
【エフェクト】パネル（Shift + 7 キー）を開いて検索窓に【ブラシ】と入力すると1、【描画】タブに【ブラシアニメーション】が表示されます2。

この【ブラシアニメーション】を【タイムライン】パネルの【V2】トラックにある【OKINAWA】クリップの上にドラッグ＆ドロップすると、【OKINAWA】に【ブラシアニメーション】が適用されます❸。

【OKINAWA】をクリックして選択した状態にして【エフェクトコントロール】パネル（Shift+5キー）を開くと、【ブラシアニメーション】が追加されています❹。見分けやすいようにブラシの色を変更します。【ブラシアニメーション】の【カラー】にあるカラーボックスをクリックします❺。

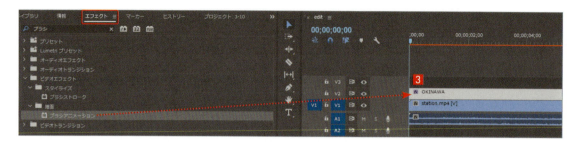

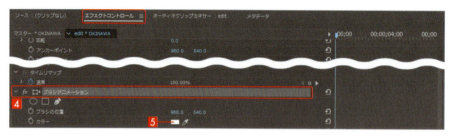

【ブラシアニメーション】の基本設定

【カラーピッカー】ダイアログボックスで赤色に変更します❶。

次に【ブラシのサイズ】を変更します。数値を上げて、タイトル文字の太さより、若干大きめに設定します。ここでは、【30】に設定します❷。

【ブラシの硬さ】は【100】❸、【ストロークの長さ（秒）】は【15】に設定します❹。

Section 3-9　手書き風タイトルの作り方

アニメーションを作成する

基本設定が完了したので、次にアニメーションを作成します。

ブラシの中心を文字を描き始めるスタート位置に移動します。作業しやすいように、画面の表示サイズを【100%】に変更します1。
【エフェクトコントロール】パネル（Shift＋5キー）の【ブラシアニメーション】を選択すると2、【プログラム】モニターパネルのブラシの中心に【位置のアイコン】が表示されるので、ドラッグしてスタート位置に移動します3。
【時間インジケーター】を【0秒】に移動し4、【ブラシの位置】の【アニメーションのオン/オフ】アイコンをクリックして5、キーフレームを設定します6。

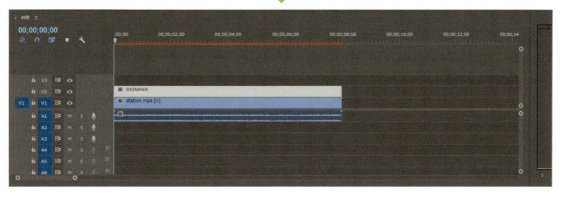

これで、スタート位置が設定できました。

【時間インジケーター】■を3フレームに移動します 7 。
ブラシの【位置のアイコン】をドラッグして、文字の書き順をなぞるように少し移動させます 8 。
さらに、【時間インジケーター】■を3フレーム進めて6フレームに移動し 9 、【ブラシの位置】を少し進めます 10 。
この要領で、3フレーム毎にブラシを進めます。

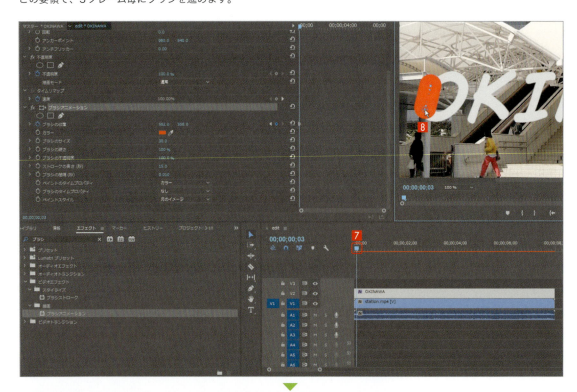

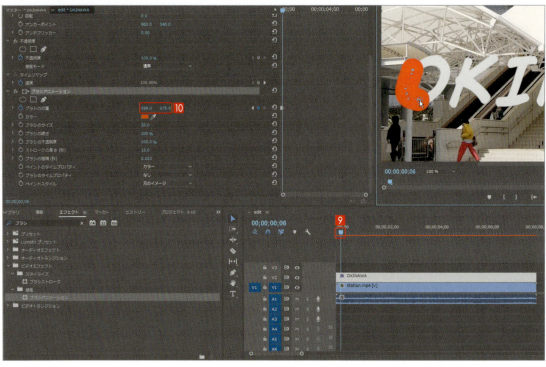

Section 3-9 手書き風タイトルの作り方

1文字目をなぞり終えたら、3フレーム進めて2文字目のスタート位置に移動します⓫。
同じように3フレームずつ文字をなぞっていきます⓬。
【K】の文字は1画目の縦棒の後に、そのまま2画目のスタート位置に行くことができないので、いったん1画目のスタート位置付近に戻ることで、2画目のスタート位置に行くことができます。

この作業を繰り返して、最後の文字までなぞっていきます。

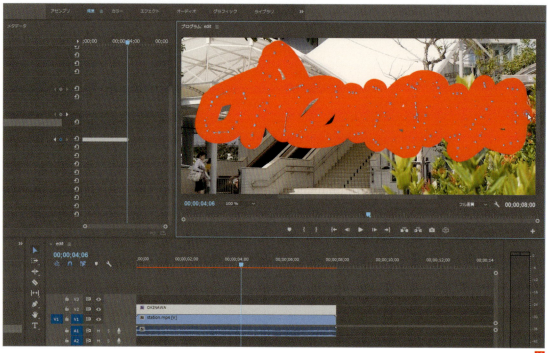

Section 3-9 手書き風タイトルの作り方

すべてなぞり終えたら、キーフレームで設定したブラシの位置をドラッグして 、きれいに覆い隠せるように調整します。
このとき、【ブラシのサイズ】もちょうど覆い隠せるくらいのサイズに調整します。

アニメーションをプレビューする

すべての文字をブラシで覆い隠したら、【再生】ボタン ▶ をクリックしてプレビューします **1**。

文字の書き順通りに、文字をブラシで覆い隠していくようになりました。

この状態で、【エフェクトコントロール】パネル（Shift + 5 キー）の【ブラシアニメーション】にある【ペイントスタイル】の設定を【元のイメージを表示】に設定すると②、文字が描かれるアニメーションの完成です。

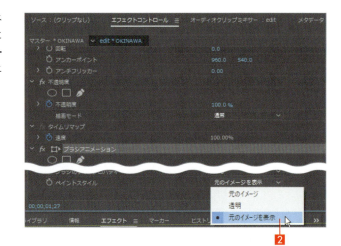

Preview

TIPS 文字の輪郭がチラつく場合

文字の輪郭がチラつく場合は、【ブラシアニメーション】の【ストロークの長さ】を【0】に設定することで改善できます。ただし、【0】にするとリアルタイムでプレビューできないくらいエフェクトの処理が重くなるので、書き出すときに設定するのがおすすめです。

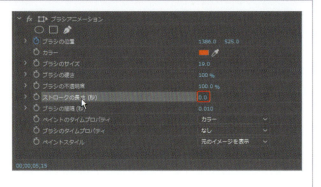

Chapter 4

Premiere Pro 上級編
効果的な映像の演出

Chapter 4では、Premiere Proでの「合成」や「アニメーション」についてマスターしましょう。
さらに、360度VR動画や縦動画の作り方についても解説します。

Section 4-1 スマホの画面を使ったシーンの切り替え

ここでは、グリーンスクリーンのスマートフォンの画面をキーイングで切り抜いて、カットを切り替える方法を学びましょう。

01 新規プロジェクトの作成

【ファイル】メニューの【新規】から【プロジェクト】（Ctrl + Alt + N キー）を選択します 1。
【新規プロジェクト】ダイアログボックスの【名前】と【場所】を設定します。
ここでは【名前：4-1】として 2、【OK】ボタンをクリックします 3。

Section 4-1 スマホの画面を使ったシーンの切り替え

02 新規シーケンスの作成

【ファイル】メニューの【新規】から【シーケンス】（Ctrl + N キー）を選択します❶。
【新規シーケンス】ダイアログボックスの【シーケンスプリセット】タブから【AVCHD】➡【1080p】を開き❷、
【AVCHD 1080p30】を選択します❸。
【シーケンス名】に【edit】と入力して❹、【OK】ボタンをクリックすると❺、タイムラインが開きます。

03 素材の読み込みと配置

【ファイル】メニューの【読み込み】（Ctrl + I キー）を選択します❶。
【読み込み】ダイアログボックスで素材フォルダー【4-1】からファイル【model.mp4】と【room.mp4】を選択して❷、【開く】ボタンをクリックすると❸、【プロジェクト】パネルにファイルが読み込まれます。

【room.mp4】を【タイムライン】パネルの【V2】トラックの0秒の位置にドラッグ&ドロップして配置します❹。

【再生】ボタン▶をクリックすると❺、【プログラム】モニターパネルで緑の画面のスマートフォンがカットインしてきて、最後に画面全体が緑になる動画が確認できます❻。

次に、【model.mp4】を【タイムライン】パネルの【V1】トラックの0秒の位置にドロップ&ドラッグして配置します❼。

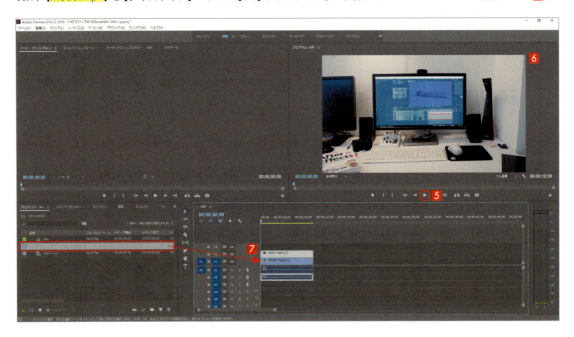

ここでは撮影素材の音は使用しないので、【A1】と【A2】トラックの【トラックをミュート】■をクリックして消音します❽。

> ● TIPS グリーンバック合成
>
> グリーンバック合成を行う際は、背景に緑色の物を撮影しないように注意してください。

これで素材の準備ができたので、緑の部分をキーイングで抜いていきます。

Section 4-1 スマホの画面を使ったシーンの切り替え

04 キーイングで緑のスマホ画面を切り抜く

キーイングには、エフェクトの【Ultraキー】を使用します。

【エフェクト】パネル（Shift+7キー）を開いて検索窓に【ultra】と入力すると、【キーイング】タブに【Ultraキー】が表示されます❶。

【タイムライン】パネルの【V2】トラックの【room.mp4】に【Ultraキー】をドラッグ＆ドロップすると❷、【Ultraキー】が適用されます。【V2】トラックの【room.mp4】をクリックして選択した状態にして❸、【エフェクトコントロール】パネル（Shift+5キー）を開くと、【Ultraキー】の項目が追加されています❹。

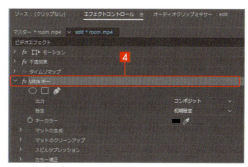

【Ultraキー】の設定

まず、【プログラム】モニターパネルにグリーンスクリーンを表示させます❺。

【タイムライン】パネルの【時間インジケーター】を【5秒】に移動します❻。

【エフェクトコントロール】パネル（Shift+5キー）の【Ultraキー】の【設定】にある【キーカラー】の【スポイト】アイコンを選択して❼、【プログラム】モニターパネルのグリーンスクリーンの部分をクリックします❽。

195

切り抜くグリーンが選択され、大まかに切り抜くことができました。【V1】トラックに配置した素材が切り抜かれた部分に表示されます 9 。

再生して確認すると、画面の光沢によるグラデーションによって発生するノイズ（消し残し）が少し残っているのがわかります。

【キーカラー】の選択だけでどこまでキレイに切り抜けるかどうかは、緑の部分がいかにムラなく撮影できているかどうかに左右されます。

今回は、スマートフォンの画面に緑の画像を表示させているため、緑にムラが発生しています。

こういった場合は、画面の部分に光沢感のない紙や布を貼り付けたほうがキレイに撮影することができます。

Preview

05 キーイングの調整を行う

【Ultraキー】の設定項目を使って、キーイングの切り抜き具合を調整します。【出力】タブを【アルファチャンネル】に設定すると画面が白黒になり、黒い部分が抜けている部分として表示されます❶。

再生して確認すると、アップになったときにスクリーンの部分が真黒ではなく、モヤがかっているのが確認できます。

この部分が消し残しなので、できるだけ真黒に近づくように調整を行います。

【マットのクリーンアップ】タブを開き、【コントラスト】を調整します。ここでは、最大値の【100】に設定します❷。

また、【中間ポイント】は最大値の【60】に設定します❸。

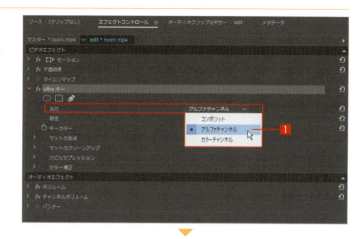

再生して確認すると、下図のようにスクリーンの部分をある程度黒くできたことが確認できます。

Preview

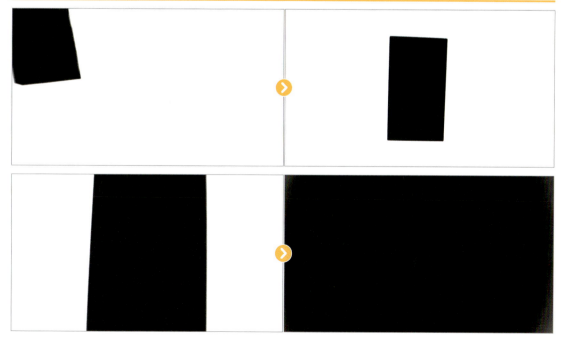

最後のアップで全画面になった部分はムラが多く、グリーンに若干のノイズが残っていますが、ここで一度、切り抜いた状態を確認します。
【出力】を【コンポジット】に設定します 4 。

さらに、【マットの生成】の【許容量】で残っているノイズを調整します。ここでは、【100】に設定することで、ノイズをほぼ消すことができました。

再生して確認すると、ある程度キレイに抜けています。

Preview

最後の全画面の部分は、余計なノイズが残らないようフェードアウトで馴染ませます。【時間インジケーター】をグリーンスクリーンが全画面になる【6秒6フレーム】に移動します 5 。【タイムライン】パネルで【V2】トラックの【room.mp4】を選択し 6 、【ビデオエフェクト】パネルの【不透明度】の【キーフレームの追加/削除】をクリックしてキーフレームを設定します 7 。【時間インジケーター】を15フレーム進めた【6秒21フレーム】に移動します 8 。【ビデオエフェクト】パネルの【不透明度】を【0】に設定して 9 、キーフレームを設定します。
再生すると、キレイに画面切り替えを行うことが確認できました。
画面切り替えのタイミングに合わせて、【V1】トラックの【model.mp4】の開始位置を【3秒】移動します 10 。

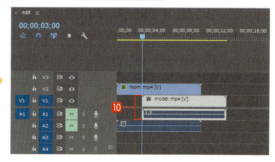

　これで、スマートフォンの画面の中に入る演出の完成です。キーイングによるグリーンの切り抜きの精度は、撮影素材に大きく左右されるので、キレイに抜きたいときは、できるだけ緑にムラがないよう撮影してください。
　また、調整に使える設定項目は今回使用したもの以外にもありますので、ケースバイケースで使い分けてください。

Chapter 4 Premiere Pro 上級編　効果的な映像の演出

Section 4-2 グラフィックの作り方と合成

Premiere Proだけを使用してスタイリッシュな検索窓のアニメーションを作成し、人の動きに合わせて合成してみましょう。

01 新規プロジェクトの作成

【ファイル】メニューの【新規】から【プロジェクト】（Ctrl+Alt+Nキー）を選択します❶。
【新規プロジェクト】ダイアログボックスの【名前】と【場所】を設定します。
ここでは【名前：4-2】として❷、【OK】ボタンをクリックします❸。

02 新規シーケンスの作成

【ファイル】メニューの【新規】から【シーケンス】（Ctrl + N キー）を選択します①。
【新規シーケンス】ダイアログボックスの【シーケンスプリセット】タブから【AVCHD】➡【1080p】を開き②、
【AVCHD 1080p30】を選択します③。
【シーケンス名】に【edit】と入力して④、【OK】ボタンをクリックすると⑤、タイムラインが開きます。

03 素材の読み込みと配置

【ファイル】メニューの【読み込み】（Ctrl + I キー）を選択します①。
【読み込み】ダイアログボックスで素材フォルダー【4-2】からファイル【model.mp4】を選択して②、【開く】ボタンをクリックすると③、【プロジェクト】パネルに【model.mp4】が読み込まれます。

【model.mp4】を【タイムライン】パネルの【V1】トラックの0秒にドロップ&ドラッグして配置します 4 。

再生して素材を確認すると、「プレミアプロで検索」と言いながらボタンを押す女性モデルが確認できます。
この女性の動きに合わせて、【検索窓】のアニメーションを作って合成します。

04 検索窓のグラフィックを作成する

検索窓のグラフィックは、【レガシータイトル】を使って作成します。

【ファイル】メニューの【新規】から【レガシータイトル】を選択します 1 。【新規タイトル】ダイアログボックスで【名前】に【search】と入力し 2 、【OK】ボタンをクリックしてタイトルを作成します 3 。
タイトル作成画面が表示されたら【長方形ツール】■を選択して 4 、検索ワードを表示する枠を作成します。【長方形ツール】■で画面上をドラッグして長方形を作成し、見やすいように色を変更します。ここでは、塗りのカラーを赤（#FF0000）に変更します 5 。

【横書き文字ツール】■（Tキー）を選択して、検索ワードを入力します。ここでは、「プレミアプロ」と入力します 6 。
文字を長方形の枠に収めて配置します。ここでは、文字のカラーを紺色（#000040）に設定します。

```
フォント：源ノ角ゴシック JP BOLD
サイズ：94
```

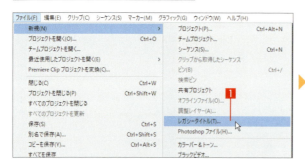

「検索」ボタンを作成する

次に「検索」ボタンを作ります。

【選択ツール】（**V**キー）を選択してドラッグし、長方形と文字を両方選択した状態にします **1**。
Altキーを押しながら、右にドラッグして複製します。このとき、**Shift**キーを押しながらドラッグすると、水平移動できます **2**。
複製した文字を「検索」に書き換えます。複製した長方形を選択して両サイドのポイントをドラッグし、大きさを「検索」に合わせて調整します **3**。
検索窓と検索ボタンを組み合わせるように配置します。組み合わせたら、すべてのパーツをドラッグして選択状態にし、**【中心】**のY軸をクリックして中央に配置します **4**。

ここまで出来たら、一度**【タイトル編集】**ウィンドウを閉じます。

「検索窓」を配置する

【プロジェクト】パネルにある**【search】**をドラッグして、**【タイムライン】**パネルの**【V2】**トラックに配置します **1**。
クリップの長さを**【model.mp4】**の長さに合わせます **2**。

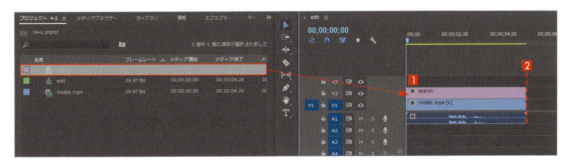

プレビューして確認しながら、検索窓の位置が指の動きに合うように配置の高さを調整します。
【V2】トラックにある【search】クリップを選択して 3 、【エフェクトコントロール】パネル（Shift + 5 キー）の【モーション】にある【位置】の【Y軸】の数値で調整します。この作例では、Y軸の数値を【543.0】としています 4 。
これで、デザインのベースとなる「検索窓」のグラフィックが完成しました 5 。

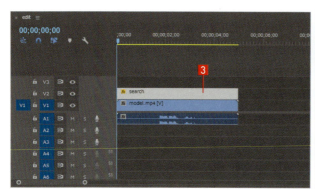

05 検索窓のデザインを作りこむ

検索窓のデザインをさらにスタイリッシュに作りこんでいきます。
【V2】トラックにある【search】クリップを【文字】・【塗り】・【枠】に分割するので、3つに複製します。
ビデオとオーディオの境界線を下にドラッグして、ビデオトラックの表示を広げます 1 。

【V2】トラックにある【search】クリップを Alt キーを押しながら上にドラッグして、【V3】トラックに複製します❷。
同様に、【V3】トラックに複製した【search】クリップを Alt キーを押しながら上にドラッグして、【V4】トラックに複製します❸。

これでタイトルクリップが3つになりました。【プロジェクト】パネルを確認すると、【search コピー 01】と【search コピー 02】が追加されています❹。

わかりやすいように名前を変更しておきます。プロジェクトを選択した状態で名前をクリックすると変更できます❺。

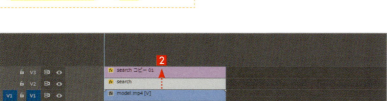

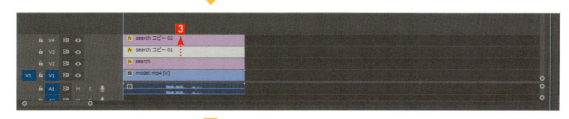

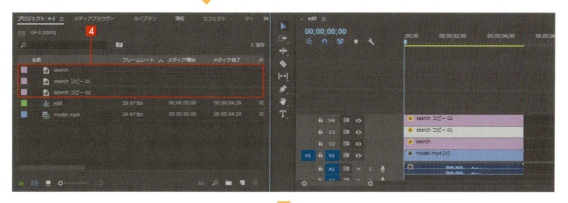

【V4】トラックの【text】タイトルクリップをダブルクリックして❻、【タイトル編集】を開きます。
このクリップは文字だけでよいので、長方形を選択して Delete キーで削除します❼。
【背景ビデオを表示】をオフにすると❽、文字だけになったことが確認できます。
文字だけになったら、【タイトル編集】ウィンドウの右上にある【閉じる】ボタンをクリックして閉じます❾。

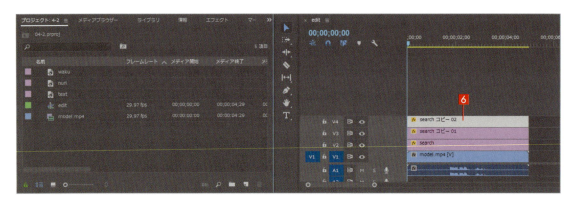

Section 4-2　グラフィックの作り方と合成

塗りの設定

【V3】トラックの塗りを作成します。【V2】トラックの【トラック出力の切り替え】を非表示にして、【waku】クリップを非表示にします 1 。

【V3】トラックの【nuri】クリップを右クリックしてショートカットメニューから【調整レイヤー】を選択すると 2 、調整レイヤーになり、【nuri】クリップが非表示になりました 3 。

調整レイヤーは、設定したエフェクトの効果を調整レイヤーの下にあるクリップに一括で適用することができます。この調整レイヤーにしたクリップにエフェクトを適用します。

【エフェクト】パネル（ Shift + 7 キー）を開き、検索窓に【ブラー】と入力します 4 。
【ブラー】タブにある【ブラーイン（滑らか）】を、【V3】トラックの調整レイヤー（【nuri】クリップ）にドラッグ＆ドラッグして適用します 5 。

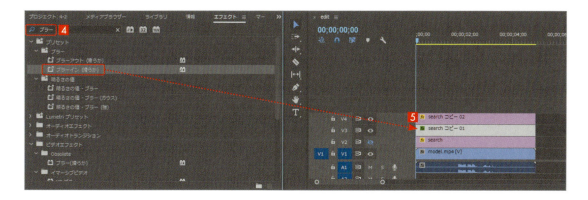

207

【エフェクトコントロール】パネル（Shift＋5キー）には、【ブラー（滑らか）ブラーイン（滑らか）】が追加されています6。
【ブラー】の【アニメーションのオン/オフ】アイコンをクリックして、アニメーションをオフにします7。
警告のダイアログボックスが表示されるので、【OK】ボタンをクリックします8。
【ブラー】の数値を上げて【150】に設定すると9、調整レイヤーの効果で塗りの部分だけをボカすことができました10。
これで、半透明のガラスのような塗りを作成します。
さらに、【waku】クリップで縁を作ります。非表示にした【V2】トラックを表示させます11。

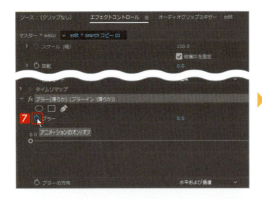

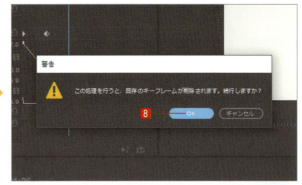

Section 4-2 グラフィックの作り方と合成

【V2】トラックの【waku】クリップをダブルクリックして12、【タイトル編集】ウィンドウを表示します。
このクリップには枠だけでよいので、まず文字を選択してDeleteキーで削除します13。
ドラッグして長方形を2つとも選択した状態にします。
【レガシータイトルプロパティ】パネルの【ストローク】にある【ストローク（内側）】の【追加】をクリックして14、【サイズ：8】15、【カラー】を白（#FFFFFF）16に設定します。
【塗り】のチェックを外します17。
線の枠だけが完成したら18、【タイトル編集】ウィンドウを閉じます。

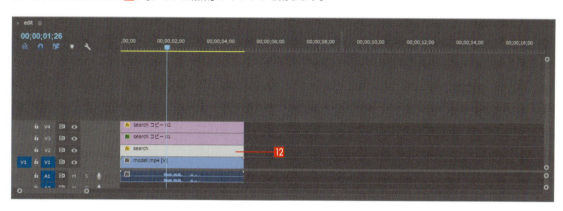

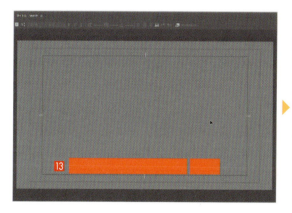

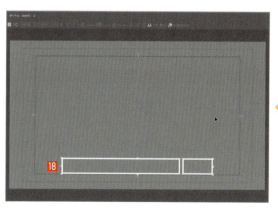

209

検索窓をデザインする

【エフェクト】パネル（Shift＋7キー）を開き、検索窓に【シャドウ】と入力します❶。
【遠近】タブにある【ドロップシャドウ】を【V2】トラックの【waku】クリップにドラッグ＆ドロップして適用します❷。
【エフェクトコントロール】パネル（Shift＋5キー）を開くと【ドロップシャドウ】が追加されているので❸、【距離】の数値を【5】に設定します❹。
これで、半透明のスタイリッシュな検索窓のデザインが完成しました❺。

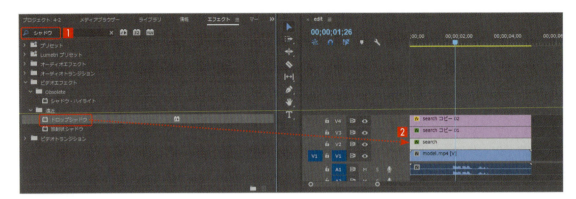

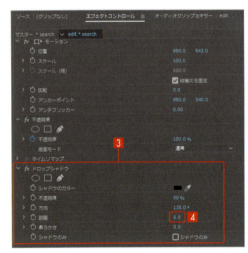

Section 4-2 グラフィックの作り方と合成

クリックの効果を作成する

クリックの効果を作成します。【V3】トラックの【nuri】クリップを選択し、 Alt キーを押しながら上にドラッグして【V5】トラックに複製します 1 。
【V5】トラックの塗りクリップを右クリックして【調整レイヤー】を選択し 2 、【調整レイヤー】をオフにします。
【エフェクトコントロール】パネル（ Shift ＋ 5 キー）の【ブラー（滑らか）（ブラーイン（滑らか））】を選択して 3 、 Delete キーで削除します。

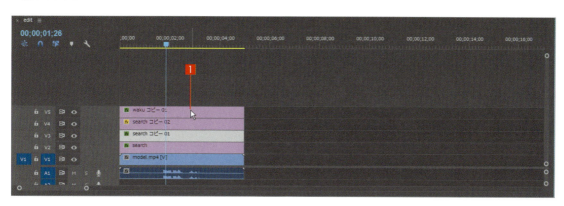

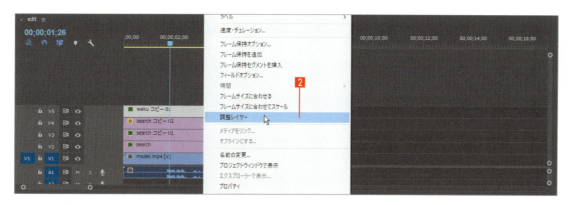

211

通常のレイヤーに戻りました。この塗りレイヤーをダブルクリックして【タイトル編集】ウィンドウを表示します 4 。
このレイヤーは「**検索**」のクリック効果だけでよいので、左側の検索窓を選択して Delete キーで削除します 5 。
「**検索**」のカラーを変更します。長方形を選択して、【カラー】に文字カラーと同じ紺色（#000040）に設定します 6 。
文字を選択して、【カラー】を白（#FFFFFF）に設定します 7 。

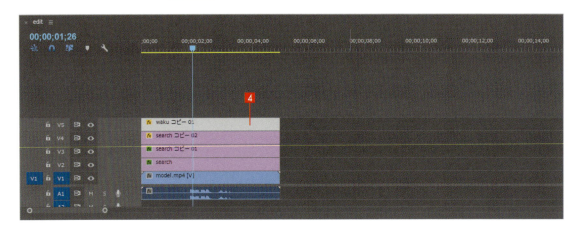

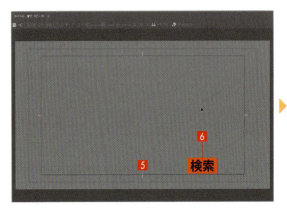

【タイトル編集】ウィンドウの【閉じる】ボタンをクリックして閉じます。
【V5】トラックのクリック用のクリップは、女性がクリックした時だけ表示させます。
【V5】トラックのクリック用のクリップのイン点をドラッグして、【2秒24フレーム】に設定します 8 。
アウト点を【3秒2フレーム】に設定します 9 。

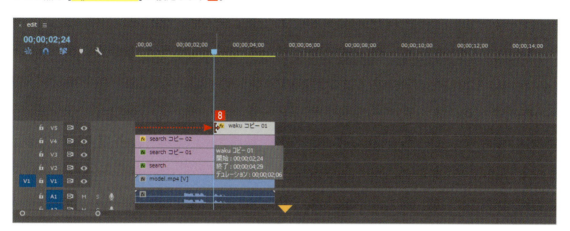

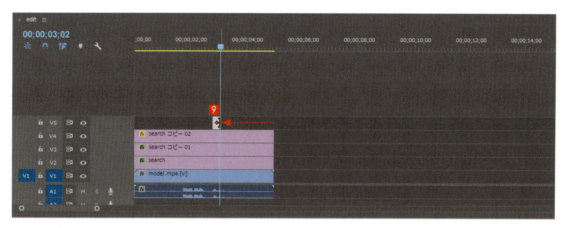

これで、検索アニメーションが完成しました。

タイミングを合わせる

最後に、指の動きに合わせて検索窓が出現するように設定します。
【V1】トラックの【model.mp4】を Alt キーを押しながら上にドラッグして、【V6】トラックに複製します 1。
【V6】トラックに複製した【model.mp4】を選択して 2、【エフェクトコントロール】パネル（ Shift + 5 キー）を表示します。【不透明度】にある【長方形ツール】■を選択します 3。画面上に長方形が作成されるので、四隅のポイントすべてを選択状態にして下に移動すると、長方形のある部分だけ検索窓がなくなります 4。
【V6】トラックに複製した【model.mp4】が、長方形で囲んだ部分だけ表示されている状態です。
これを利用して、検索窓を隠します。長方形の形を検索窓が隠れる大きさに調整します。ドラッグで両端の2点ずつ選択して Shift キーを押しながら水平移動することで、長方形の幅を変えることができます。
これで検索窓を隠すことができました 5。

【時間インジケーター】を【1秒17】フレームに移動して6、【エフェクトコントロール】パネル（Shift + 5 キー）の【マスクパス】の【アニメーションのオン/オフ】アイコンをクリックして7、キーフレームを設定します8。

【時間インジケーター】を【2秒4】フレームに移動して9、【エフェクトコントロール】パネル（Shift + 5 キー）の【マスク（1）】を選択し10、左の2点を選択して右に移動し11、枠を細くします。

これで完成です。

Preview

● TIPS 撮影時のポイント

撮影時にモデルがアクションを終えた後、すぐに表情を崩すと編集のカット点が短くなってしまいますので、数秒ほど素の状態を維持して余韻を作ってもらうように指示してください。

● TIPS アクションセーフ

今回モデルさんが下位置で指をスライドするアクションをしていますが、撮影時に「**アクションセーフ**」を超えた演技になってしまうと、テレビやDVDなどでは表示されなくなってしまうことがあるので、注意してください。

アクションセーフは内側から
２個目の白枠です

Section 4-2 グラフィックの作り方と合成

◉ TIPS セーフマージンの表示

【プログラム】モニターの右下にあるをクリックして ❶、【セーフマージン】を選択すると ❷、セーフマージン表示のオン/オフを切り替えることができます。

タイトルアニメーションの作り方

Section 4
3

Premiere PRO CCの新しいテキストツール【エッセンシャルグラフィックス】を使用して、文字のアニメーションを作成しましょう。

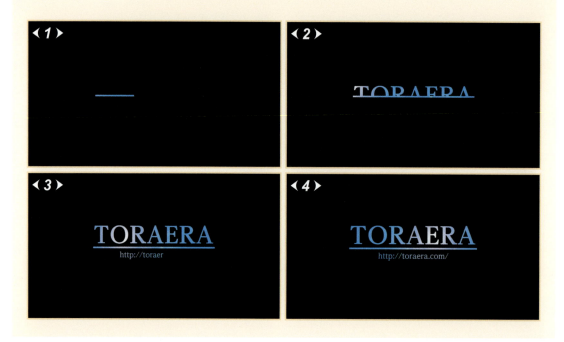

01 新規プロジェクトの作成

【ファイル】メニューの【新規】から【プロジェクト】（Ctrl + Alt + N キー）を選択します 1。
【新規プロジェクト】ダイアログボックスの【名前】と【場所】を設定します。
ここでは【名前：4-3】として 2、【OK】ボタンをクリックします 3。

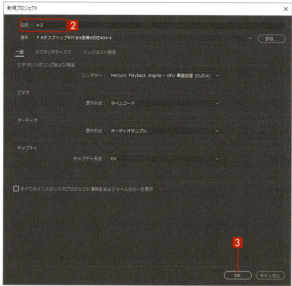

Section 4-3 タイトルアニメーションの作り方

02 新規シーケンスの作成

【ファイル】メニューの【新規】から【シーケンス】（Ctrl＋Nキー）を選択します①。
【新規シーケンス】ダイアログボックスの【シーケンスプリセット】タブから【AVCHD】➡【1080p】を開き②、
【AVCHD 1080p30】を選択します③。
【シーケンス名】に【edit】と入力して④、【OK】ボタンをクリックすると⑤、タイムラインが開きます。

03 タイトルグラフィックの制作

タイトル画面のレイアウトを作成します。ワークスペースを【グラフィック】に切り替えます①。
【横書き文字ツール】（Tキー）を選択して②、【プログラム】モニターパネルをクリックしてメインタイトルを入力します③。

メインタイトルの設定

フォント：A-OTF UD Reimin Pr6N／フォントスタイル：EB／サイズ：160／カラー：青（#00A0E9）

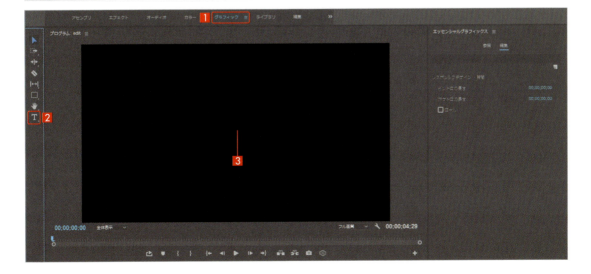

ここでは、「TORAERA」と入力します 4 。【エッセンシャルグラフィックス】パネルでテキストを配置します。
テキストが設定できたら、【整列と変形】にある【水平方向中央】をクリックします 5 。

次にラインを作成します。【ペンツール】 を長押しして表示される【長方形ツール】 を選択します 6 。
画面上をドラッグして細い線（長方形）を描きます。線の長さはテキストの横幅に合わせます。
カラーは、テキストと同じ青（#00A0E9）に設定します 7 。

Section 4-3 タイトルアニメーションの作り方

サブタイトルの設定

続けて、サブタイトルを作成します。

【横書き文字ツール】（Tキー）を選択して❶、サブタイトルを入力します❷。ここでは、「http://toraera.com/」と入力しておきます。

| フォント：A-OTF UD Reimin Pr6N ／ フォントスタイル：M ／ サイズ：160 ／ カラー：青（#00A0E9） |

テキストが設定できたら、配置を調整して全体のバランスを整えます。

これで、タイトルグラフィックが完成しました。

221

04 アニメーションの作成

最初に、線が伸びるように出現するアニメーションを作成します。
【選択ツール】（**V**キー）でラインを選択して❶、表示サイズを**【150%】**に設定すると❷、ポイントがあることが確認できます❸。これは「**アンカーポイント**」と呼ばれる点で、アニメーションの支点となる位置です。このアンカーポイントが線の（長方形）の左辺にあることを確認します。
左辺にない場合は、アンカーポイントをドラッグして移動します。 Ctrl キーを押しながらドラッグすると、吸着させることができます。
アンカーポイントが設定できたら、**【エフェクトコントロール】**パネル（ Shift ＋ 5 キー）にある**【シェイプ（シェイプ01）】**タブを開きます❹。この**【シェイプ（シェイプ01）】**が、線のシェイプの設定となります。
【トランスフォーム】➡**【スケール】**を開き❺、**【縦横比を固定】**のチェックを外します❻。

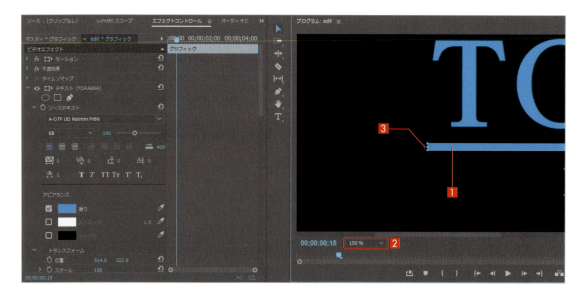

Section 4-3　タイトルアニメーションの作り方

【時間インジケーター】を【0秒15フレーム】に移動して7、【水平比率】の【アニメーションのオン/オフ】アイコンをクリックして8キーフレームを設定します9。
【時間インジケーター】を【0秒】に移動して10、【水平比率】の数値を【0】に設定します11。

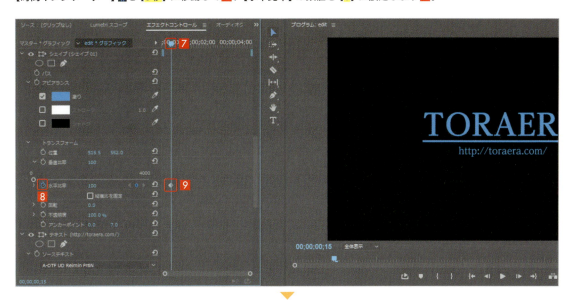

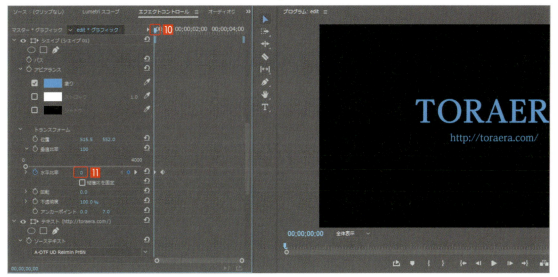

再生すると、線が伸びるアニメーションが確認できます。

Preview

メインタイトルのアニメーションを作成する

出現したラインからメインタイトルが上がってくるアニメーションを作成します。

【エフェクトコントロール】パネル（Shift + 5 キー）にある【テキスト（TORAERA）】タブを表示します①。これが、メインタイトルの設定項目です。

【テキスト（TORAERA）】にある【長方形ツール】■を選択すると②、文字が長方形でマスキングされます③。

この長方形マスクの四隅にあるポイントを移動して、マスクの形を変更します。

ドラッグして底辺の2点を選択し、ドラッグしてラインの位置に移動します④。

Section 4-3 タイトルアニメーションの作り方

文字がすべて表示されるように、両サイドの点を
移動します 5 。
点を移動させるときに Shift キーを押すと、水平に
移動できます。
これでマスクが設定されたので、テキストを動か
します。

【時間インジケーター】を【1秒】に移動して 6 、【ソーステキスト】➡【トランスフォーム】➡【位置】の【アニメーショ
ンのオン/オフ】アイコン をクリックし 7 、キーフレームを設定します 8 。

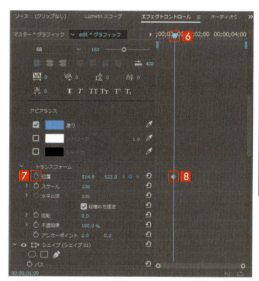

【時間インジケーター】を【0秒20フレーム】に移動して 9 、【位置】の【Y軸】の数値を右にドラッグして増やし、文字
がラインの下に隠れるよう配置します。本書の作例では、【Y軸】を【680】に設定しています 10 。

再生して確認すると、線が伸びてその線からメインタイトルが出現するアニメーションが作成されています。

Preview

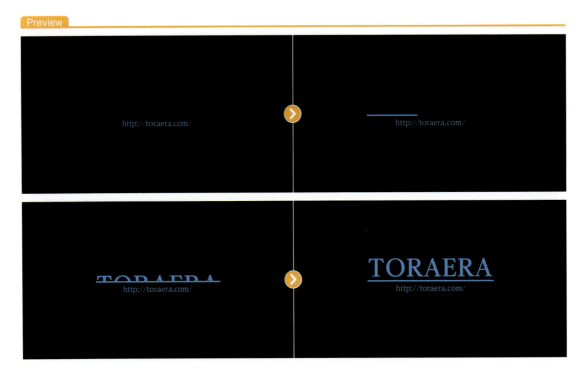

Section 4-3 タイトルアニメーションの作り方

サブタイトルのアニメーションを作成する

続けて、サブタイトル（URL）の出現アニメーションを作成します。

URLは、タイプライターアニメーションで一文字ずつ出現するアニメーションを設定します。

【エフェクトコントロール】パネル（ Shift + 5 キー）の【テキスト（http://toraera.com/）】タブを表示します❶。

これが、サブタイトルの設定項目です。

【時間インジケーター】を【2秒】に移動して❷、【ソーステキスト】の【アニメーションのオン/オフ】アイコンをクリックし❸、キーフレームを設定します❹。

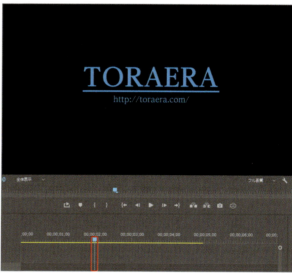

【時間インジケーター】を2フレーム戻した【1秒28フレーム】に移動して❺、URLの最後の文字「/」を削除します❻。

同様に、【時間インジケーター】を2フレーム戻した【1秒26フレーム】に移動して 7 、URL「.com」の最後の文字「m」を削除します 8 。

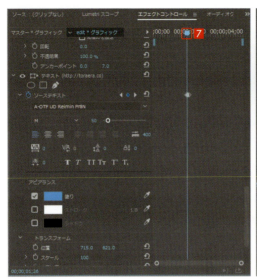

この作業を繰り返して、最初の文字を削除するまで繰り返します。
本書の作例では、【0秒22フレーム】でURL「http:」の最初の文字「h」を削除します 9 。

Section 4-3 タイトルアニメーションの作り方

再生して確認すると、URLが一文字ずつ出現するアニメーションが作成されています。

Preview

アニメーションのタイミングを調整する

アニメーションのタイミングを調整します。

メインタイトルが出現してからURLを表示させたいので、【ソーステキスト】をクリックして❶、すべてのキーフレームを選択した状態にし❷、最初のキーフレームの位置を【1秒】にドラッグして移動します❸。

229

これで、タイトルが出現するアニメーションが完成しました。

Preview

ゆっくりとズームさせる

さらに、タイトル全体がゆっくりズームするように設定します。

【エフェクトコントロール】パネル（Shift＋5キー）の一番上にある【モーション】タブを開きます1。
【時間インジケーター】を【0秒】に移動して2、【スケール】の【アニメーションのオン/オフ】アイコンをクリックし3、キーフレームを設定します4。

【時間インジケーター】を【4秒28フレーム】に移動して 5 、【スケール】の数値を【110】に設定します 6 。

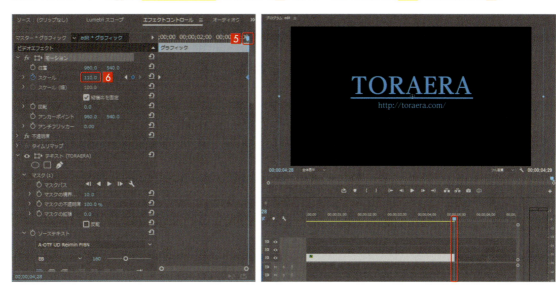

これで、タイトルアニメーションが完成しました。

Preview

光沢感を追加する

最後に、光沢感を追加して雰囲気をアップさせます。

【エフェクト】パネル（Shift + 7 キー）を開き、検索窓に【フレア】と入力します❶。【ビデオエフェクト】➡【描画】にある【レンズフレア】が表示されます。この【レンズフレア】をドラッグして、タイトルクリップに適用します❷。【エフェクトコントロール】パネル（Shift + 5 キー）に【レンズフレア】が追加され❸、タイトルに光沢感が生まれます❹。
続けて、光沢感に動きを設定します。
【レンズフレア】の【光源の位置】にある【X軸】の数値を左にドラッグして、文字の左隅に設定します❺。
【時間インジケーター】を【0秒】に移動して❻、【光源の位置】の【アニメーションのオン／オフ】アイコンをクリックして❼、キーフレームを設定します❽。

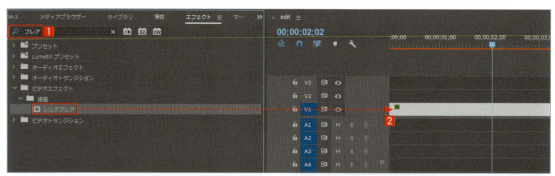

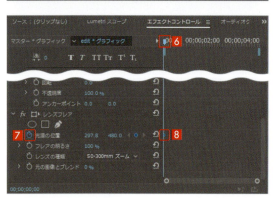

【時間インジケーター】■を【4秒28フレーム】に移動して ⑨ 、【光源の位置】の【X軸】の数値を右にドラッグして文字の右隅に設定します ⑩ ⑪ ⑫ 。

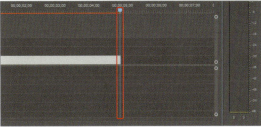

これで完成です。

Preview

Section 4 　360度VR動画の作り方

ここでは、360度カメラで撮影した素材ムービーの基本的なカット編集とテロップ作成についてご紹介します。

01　新規プロジェクトの作成

【ファイル】メニューの【新規】から【プロジェクト】（ Ctrl + Alt + N キー）を選択します 1 。
【新規プロジェクト】ダイアログボックスの【名前】と【場所】を設定します。
ここでは【名前：4-4】として 2 、【OK】ボタンをクリックします 3 。

Section 4-4　360度VR動画の作り方

02　素材の読み込みと配置

【ファイル】メニューの【読み込み】（Ctrl+Iキー）を選択します**1**。
【読み込み】ダイアログボックスで素材フォルダー【4-4】からファイル【cat_a.mp4】【cat_b.mp4】【cat_c.mp4】を選択して**2**、【開く】ボタンをクリックすると**3**、【プロジェクト】パネルにファイルが読み込まれます。

【cat_a.mp4】を【タイムライン】パネルにドラッグ＆ドロップして、【V1】トラックの0秒に配置します**4**。

再生して素材を確認すると、画面が歪んだ動画が再生されました。
これは、【エクイレクタンギュラー】形式という360度VR動画の表示形式の1つです。
日本語では、【正距円筒図法】と呼ばれる球体上の映像を長方形に広げたものとなります。

03 360度VR表示に切り替える

【プログラム】モニターパネルの表示を「**360度VR表示**」に切り替えます。
【**VRビデオ表示を切り替え**】をクリックしてオンにすると 1、正方形の360度表示に切り替わります。
【**VRビデオ表示を切り替え**】が表示されていない場合は、【**ボタンエディター**】ボタン＋をクリックして 2、【**VRビデオ表示を切り替え**】ボタンをドラッグ＆ドロップで追加します 3。
画面の下にあるスライダーや数値をドラッグすると、左右の角度を変更できます。画面の右側にあるスライダーや数値をドラッグすると、上下の角度を変更できます。また、外面上をドラッグしても、表示角度を変更できます。

猫が映っている場所を表示して、このまま動画の不要な部分をカットします。
【**時間インジケーター**】を【3秒】に移動して、【**シーケンス**】メニューの【**編集点を追加**】（Ctrl＋Kキー）を選択して編集点を追加し、手前を削除します。
さらに、【**時間インジケーター**】を【12秒】に移動し、【**シーケンス**】メニューの【**編集点を追加**】（Ctrl＋Kキー）を選択して編集点を追加し、後ろを削除します 4。

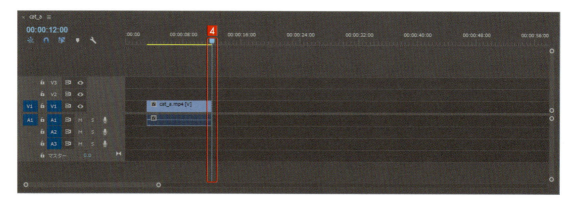

素材の時間を前（0秒）に詰めます 5 。
これで、1カット目の使用する部分が決まりました。
作業が終わったら、【プログラム】モニターパネルの左右と上下の角度の数値をクリックして、それぞれ【0】と入力して初期位置に戻します 6 。

04 初期表示角度を設定する

360度VR動画の初期表示位置を設定します。初期設定の表示位置は、さきほど操作した【プログラム】モニターパネルの表示角度が左右／上下ともに0度のときに、最初に表示させる映像の方向の設定となります。

【エフェクト】パネル（Shift+7キー）の検索窓に【vr】と入力すると 1 、【イマーシブビデオ】タブにVRエフェクトが表示されます 2 。

【タイムライン】パネルの【cat_a.mp4】クリップの上に【VR回転（球）】をドラッグ＆ドロップすると 3 、【エフェクトコントロール】パネル（Shift+5キー）に【VR回転（球）】が追加されます 4 。【VR回転（球）】の【チルト（X軸）】で上下の角度、【パン（Y軸）】で左右の角度、【ロール（Z軸）】で傾きをそれぞれ設定します。

この素材では、【パン（Y軸）】にある角度の数値を【-175】に設定すると 5 、猫が正面に表示されます。

これで、360度VR動画の初期表示位置に猫が表示されるようになりました 6 。

05 VR動画のカット編集を行う

2つ目以降の素材を繋げていきます。VR動画のカット編集方法は通常の動画編集と基本的に同じです。
【cat_b.mp4】を【タイムライン】パネルの【V1】トラックにある素材の後ろにドラッグ＆ドロップして配置します❶。
初期表示位置を設定します。【エフェクト】パネル（Shift+7キー）を開き、【イマーシブビデオ】タブにある【VR回転（球）】を【タイムライン】パネルに配置した【cat_b.mp4】の上にドラッグ＆ドロップします。【エフェクトコントロール】パネル（Shift+5キー）に追加された【VR回転（球）】の【パン（Y軸）】を【-25】に設定します。
【時間インジケーター】を【14秒】に移動して❷、【シーケンス】メニューの【編集点を追加】（Ctrl+Kキー）を選択して編集点を追加し、【14秒】より手前の部分を選択してDeleteキーで削除します❸。
【時間インジケーター】を【18秒】に移動して❹、【シーケンス】メニューの【編集点を追加】（Ctrl+Kキー）を選択して編集点を追加し、【18秒】以降の部分を選択してDeleteキーで削除します❺。
空白をクリックして選択し、Deleteキーで空白を削除して素材を前に詰めます❻。

同様に、3つ目の素材を繋げます**7**。
【cat_c.mp4】を【タイムライン】パネルの【V1】トラックにある素材の後ろにドラッグ＆ドロップして配置します。
【VR回転（球）】を追加して、【04-VR回転（球）】の【パン（Y軸）】を【11】、【チルト（X軸）】を【-9】に設定します。
【時間インジケーター】■を【21秒】に移動して、【シーケンス】メニューの【編集点を追加】（[Ctrl]＋[K]キー）を選択して編集点を追加し、【21秒】より手前の部分を削除します。
次に【時間インジケーター】■を【30秒】に移動して、【シーケンス】メニューの【編集点を追加】（[Ctrl]＋[K]キー）を選択して編集点を追加し、【30秒】以降の部分を選択して[Delete]キーで削除します。
空白をクリックして選択し、[Delete]キーで空白を削除して素材を前に詰めます。

これで、VR動画のカット編集が完成しました。

06 テキストを配置する

【横書き文字ツール】■（[T]キー）でテキストを入力するために、【プログラム】モニターパネルの表示を【VRビデオ表示を切り替え】■をオフにします**1**。【横書き文字ツール】■（[T]キー）を選択し**2**、【プログラム】モニターパネル上をクリックして文字を入力します。ここでは、【猫のいる生活】と入力します**3**。
【ワークスペース】の【グラフィック】をクリックして**4**、【エッセンシャルグラフィックス】パネルを表示します**5**。

【編集】タブをクリックして 6、【整列と変形】にある【垂直方向中央】と【水平方向中央】をクリックしてテキストを画面中央に配置します 7。【テキスト】でフォントやサイズの設定も行います 8。

```
フォント：Kozuka Mincho Pro B
サイズ：100
```

【VRビデオ表示を切り替え】 をオンにして確認すると 9、文字が初期表示位置の中央に表示されました。このままでは文字の歪みが大きいので、歪みにくいように平面で乗せます。

【エフェクト】パネル（Shift + 7 キー）を開いて検索窓に【vr】と入力し❿、【VR平面として投影】ビデオエフェクトをドラッグしてテキストクリップにドロップすると⓫、テキストクリップの【エフェクトコントロール】パネル（Shift + 5 キー）に【VR平面として投影】が追加されます⓬。

文字の表示サイズが小さくなったので、【VR 平面として投影】の【スケール（度）】で調整します。

【スケール（度）】に【120】を入力すると⓭、元のテキストサイズと同じくらいの表示になりました。

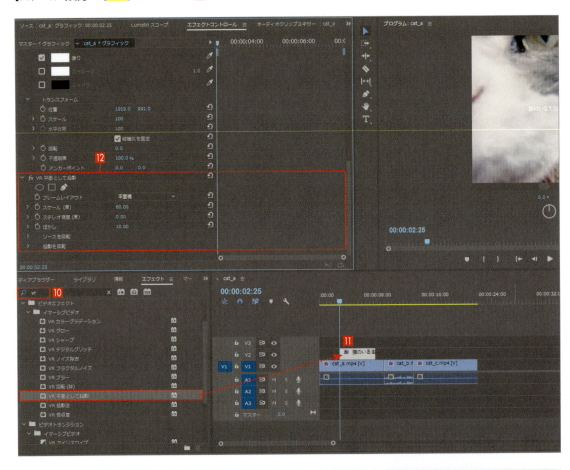

【VR平面として投影】のオン／オフを切り替えて確認すると、文字の歪みが小さくなっていることが確認できます 14 。

VR平面として投影：オフ

VR平面として投影：オン

テキストが配置できたので、表示時間を【cat_a.mp4】の長さ0秒から6秒にドラッグして合わせます 15 。

これで、360度VR動画の編集が完了しました。

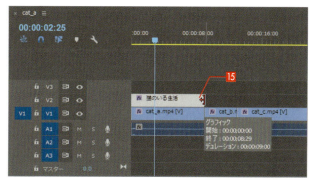

07 文字を配置する場所を変更する場合

文字の配置は、縦横の位置と投影する角度（アングル）の組み合わせで設定します。
縦横の表示位置を変える場合は、テキストレイヤーの【エフェクトコントロール】➡【テキスト（猫のいる生活）】➡【トランスフォーム】➡【位置】で設定します。
【Y軸】の数値を増やすと、文字の配置が画面下に移動します。ここでは、【1360.0】に設定します 1 。

これで、文字を画面下部に配置することができました。本書の作例は、移動させずに中央配置のまま進めます。

> **TIPS 投影する角度を変更する**
>
> 投影する角度の変更は、【エフェクトコントロール】パネルの【VR平面として投影】➡【投影を回転】で設定します。

08 VRビデオの書き出し

編集が完了したら、VRビデオを書き出します。【ファイル】メニューの【書き出し】から【メディア】（ Ctrl + M キー）を選択すると 1、【書き出し設定】ダイアログボックスが表示されます 2。

【形式】➡【H.264】を選択して 3、【プリセット】➡【VR Monoscopic Match Source Stereo Audio】を選択します 4。

【出力名】をクリックして、ファイル名と保存先を選択します。ここではファイル名【VR_01】、保存先を【デスクトップ】に設定します。

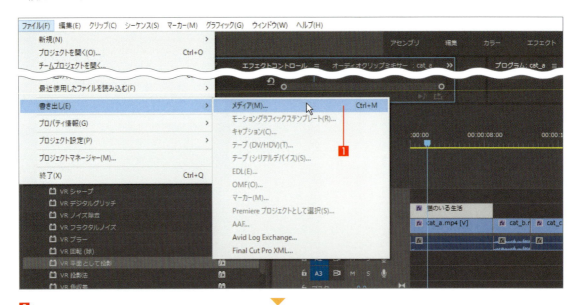

244

【ビデオ】タブの【ビットレート設定】で【ビットレートエンコーディング】➡【CBR】を選択し 5 、【ターゲットビットレート (Mbps)】➡【100】に設定します 6 。
【書き出し】ボタンをクリックして書き出しを開始します 7 。エンコードが完了すると、完成です。
メディアプレイヤーなどで動画を再生すると、【エクイレクタンギュラー】形式で表示されます 8 。

　このファイルをVRプレイヤーで再生したり、YouTubeやFacebookにアップロードすると、360度で表示することができます。

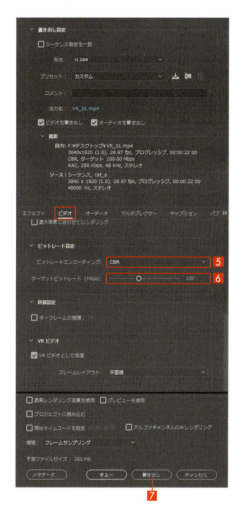

Preview

Chapter 4 Premiere Pro 上級編　効果的な映像の演出

Section 4-5 縦動画の作り方

SNSでは、スマホ視聴に合わせた縦動画や正方形動画の利用の動画が増えてきています。ここでは、縦動画のシーケンス設定と作り方について解説します。

01 新規プロジェクトの作成

【ファイル】メニューの【新規】から【プロジェクト】（Ctrl＋Alt＋Nキー）を選択します **1**。
【新規プロジェクト】ダイアログボックスの【名前】と【場所】を設定します。
ここでは【名前：4-5】として **2**、【OK】ボタンをクリックします **3**。

Section 4-5 縦動画の作り方

02 新規シーケンスの作成

【ファイル】メニューの【新規】から【シーケンス】（ Ctrl + N キー）を選択します 1。
【新規シーケンス】ダイアログボックスの【設定】タブを表示して 2、【編集モード】から【カスタム】を選択します 3。
【ビデオ】の【フレームサイズ】を【横：1080】【縦：1920】（9:16）に設定します 4。
【シーケンス名】に【edit】と入力して 4、【OK】ボタンをクリックすると 5、タイムラインが開きます。

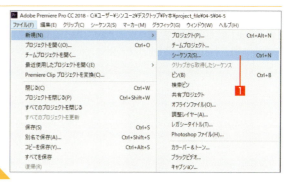

◎ TIPS 横動画と縦動画

縦動画設定は通常の横動画【横：1920】【縦：1080】(16：9)とは逆になります。

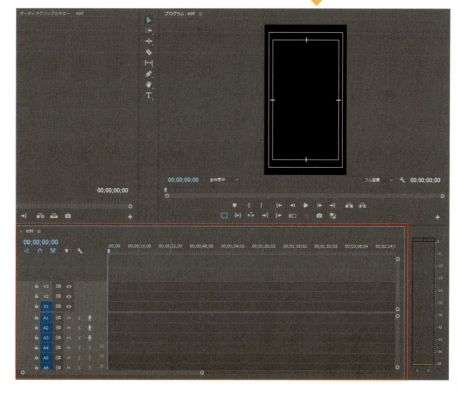

03 素材の読み込みと配置

【ファイル】メニューの【読み込み】（Ctrl＋Iキー）を選択します①。

【読み込み】ダイアログボックスでファイル【pic_01】～【pic_04】と【logo_01】を選択して②、【開く】ボタンをクリックすると③、【プロジェクト】パネルにファイルが読み込まれます④。

【pic_01】～【pic_04】を【タイムライン】パネルの【V1】トラックの0秒にドロップ＆ドラッグして順に配置します⑤。

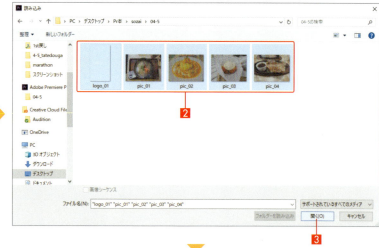
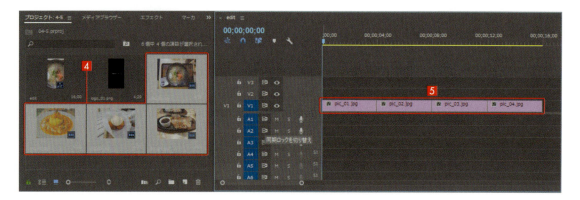

04 配置した素材クリップにアニメーションを追加する

【pic_01】のアニメーション設定

【スケール】の左にある【アニメーションのオン/オフ】アイコンをクリックして①、【pic_01】の開始ポイントに【スケール】を【83】にしてキーフレームを設定します②。

【pic_01】の終了ポイントに【スケール】【88】でキーフレームを設定します❸。
【位置】のX軸を【531】、Y軸を【916】に設定します❹。

【pic_02】のアニメーション設定

【位置】の左にある【アニメーションのオン/オフ】アイコン◉をクリックして❶、【pic_02】の開始ポイントに【位置】の
X軸を【424】、Y軸を【884】にしてキーフレームを設定します❷。

【pic_02】の終了ポイントに【位置】のX軸を【485】、Y軸を【884】でキーフレームを設定します❸。
【スケール】を【86】に設定します❹。

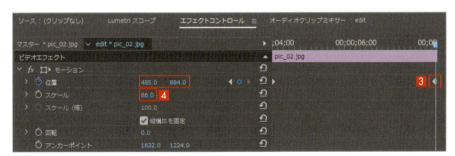

【pic_03】のアニメーション設定

【スケール】の左にある【アニメーションのオン/オフ】アイコン◉をクリックして❶、【pic_03】の開始ポイントに【スケール】を【86】にしてキーフレームを設定します❷。

【pic_03】の終了ポイントに【スケール】を【82】にしてキーフレームを設定します ③ 。
【位置】のX軸を【467】、Y軸を【960】に設定します ④ 。

【pic_04】のアニメーション設定

【位置】の左にある【アニメーションのオン/オフ】アイコン をクリックして ① 、【pic_04】の開始ポイントに【位置】のX軸を【390】、Y軸を【1093】にしてキーフレームを設定します ② 。

【pic_04】の終了ポイントに【位置】のX軸を【434】、Y軸を【1141】にしてキーフレームを設定します ③ 。

【スケール】の左にある【アニメーションのオン/オフ】アイコン をクリックして ④ 、【pic_04】の開始ポイントに【スケール】を【91】にしてキーフレームを設定します ⑤ 。

【pic_04】の終了ポイントに【スケール】を【100】にしてキーフレームを設定します 6 。

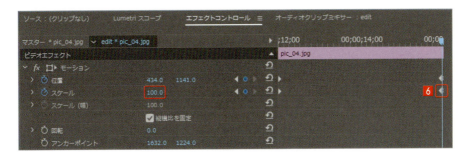

これで、【pic_01】【pic_02】【pic_03】【pic_04】それぞれのクリップにスライドアニメーションが設定されました。

Preview

pic_01 ゆっくりズームアップ　　pic_02 ゆっくり左から右へ移動

pic_03 ゆっくりズームアウト　　pic_04 ゆっくりズームアップ

05 エッセンシャルグラフィックスを使用してテキストを作る

画面上部のワークスペースにある【グラフィック】をクリックするか 1 、【ウィンドウ】メニューの【ワークスペース】から【グラフィック】(Alt + Shift + 6 キー) を選択します。

【エッセンシャルグラフィックス】パネルの【編集】タブをクリックして 2 、【横書き文字ツール】 T を選択 (T キー) を選択し 3 、【プログラム】モニターパネルをクリックします 4 。

【プログラム】モニターパネルに赤い枠の長方形が表示され、直接テキストが入力できる状態になります。
ここでは、【ソーキそば】と入力します 5 。

06 テキストのフォントを変更する

次は、テキストのフォントを変更します。【エッセンシャルグラフィックス】パネルの【テキスト】を変更します。プルダウンメニューをクリックして **1**、Adobe Typekitであらかじめ同期したフォントの【Kan412Typos Std】に変更します **2**。

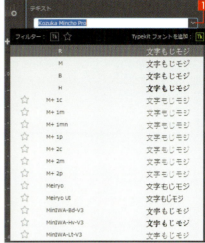

フォントサイズを【89】に設定します **3**。

テキストが変更されたので、【整列と変形】の【水平方向中央】アイコン◻️をクリックしてから❹、【位置】のY軸に【1761.3】を入力して❺、テキストのレイアウトを画面の中央下に配置します。

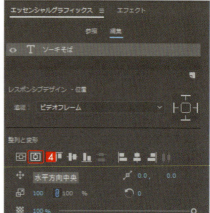

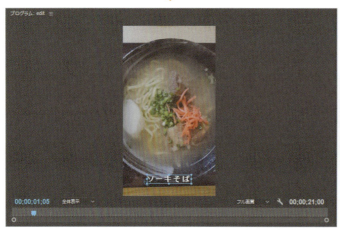
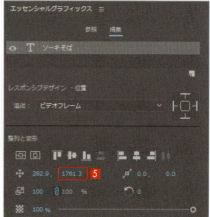

【アピアランス】でテキストの色を変更、縁取り、ドロップシャドウの追加など、自分好みにカスタマイズすることができます6。

6

07 シェイプの作成

テキストを装飾するシェイプを作成します。【グラフィック】メニューの【新規レイヤー】から【長方形】（Ctrl + Alt + Rキー）を選択します 1 。

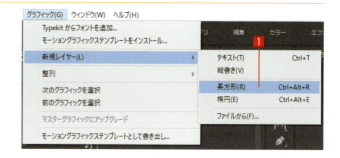

【エッセンシャルグラフィックス】パネルに【シェイプ01】が作成されます 2 。

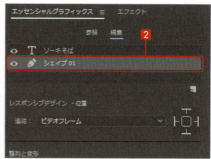

【シェイプ01】をテキストの下に配置したいので、レイヤー順序を入れ替えます 3 。

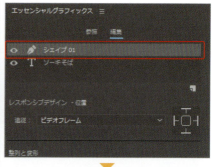
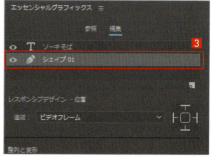

シェイプを囲っている青枠にポインターを合わせると矢印が表示されるので4、ドラッグしてシェイプの大きさを調整します5。

【アピアランス】でシェイプの色を変更して、縁取りやドロップシャドウの追加など自分好みにカスタマイズすることができます6。

08 テキストにアニメーションを追加する

シーケンス上にあるグラフィッククリップを選択した状態で、【エフェクト】パネル（Shift＋7キー）の【ビデオエフェクト】➡【トランジション】➡【リニアワイプ】を選択してダブルクリックします1。

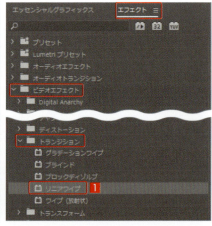

【変換終了】の左にある【アニメーションのオン/オフ】アイコン◎をクリックして2、【ソーキそば】の開始ポイントに【変換終了】を【100】にしてキーフレームを設定します3。

Section 4-5 縦動画の作り方

【ソーキそば】を開始ポイントから10フレーム進めたポイントに 4 【変換終了】を【0】にしてキーフレームを設定します 5 。

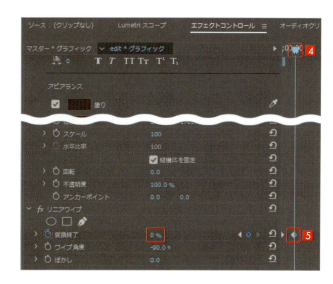

次に【ぼかし】の左にある【アニメーションのオン/オフ】アイコンをクリックして 6 、【ソーキそば】の開始ポイントに【ぼかし】を【20】にしてキーフレームを設定します 7 。

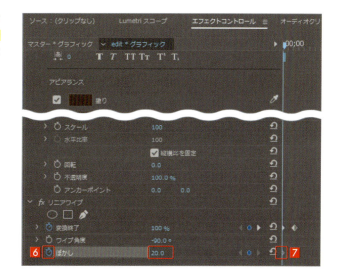

【ソーキそば】を開始ポイントから10フレーム進めたポイント 8 に【ぼかし】を【0】にして、キーフレームを設定します 9 。

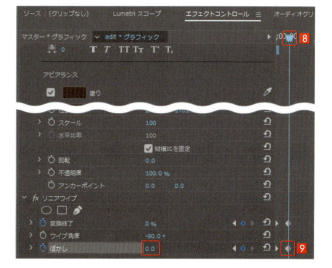

最後に、【ワイプ角度】を【-90度】に設定します⑩。

テキストが画面左から徐々に出現するアニメーションが完成しました。

完成したグラフィッククリップを選択して⑪、【編集】メニューの【コピー】（ Ctrl + C キー）を選択し、クリップをコピーします⑫。

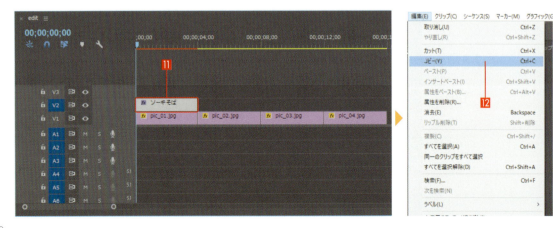

Section 4-5 縦動画の作り方

【V2】トラックを選択した状態で13、【00;00;04;00】の位置に【時間インジケーター】を移動して14、【編集】メニューの【ペースト】（Ctrl+Vキー）を選択します15。

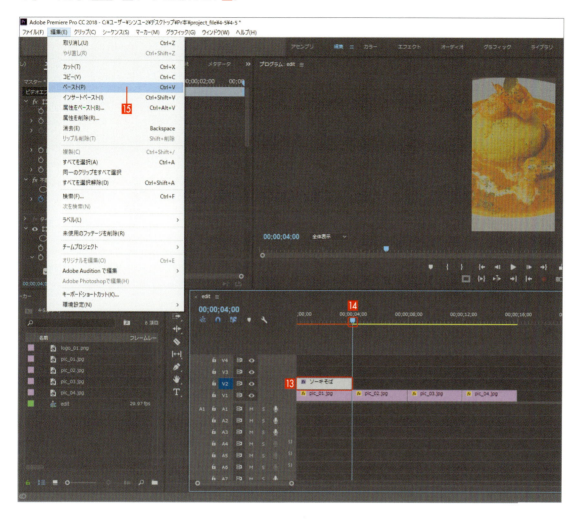

【V2】トラックにグラフィッククリップがペーストされます16。

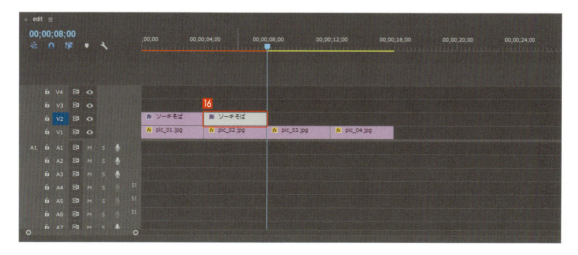

続けて、【00;00;08;00】の位置に【時間インジケーター】を移動して、【編集】メニューの【ペースト】（Ctrl＋Vキー）を選択します17。

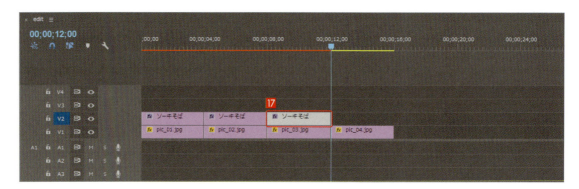

さらに、【00;00;12;00】の位置に【時間インジケーター】を移動して、【編集】メニューの【ペースト】（Ctrl＋Vキー）を選択します18。

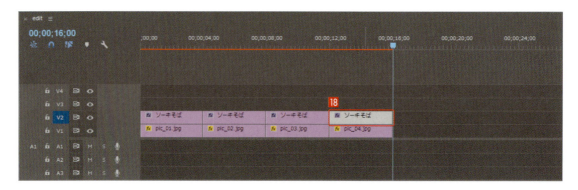

これで、【pic_01】に設定した【ソーキそば】グラフィッククリップのアニメーションが、【pic_02】【pic_03】【pic_04】にも適用されました。

【エッセンシャルグラフィック】パネルを開いて、【pic_02】【pic_03】【pic_04】のテキストをそれぞれ変更します19。

pic_02

pic_03

pic_04

09 4分割画面(マルチ画面)を作成する

新規シーケンスの作成

【ファイル】メニューの【新規】から【シーケンス】（Ctrl＋Nキー）を選択します。【新規シーケンス】ダイアログボックスの【設定】タブにある【編集モード】プルダウンメニューから【カスタム】を選択します❶。
【フレームサイズ】を【横：540】、【縦：960】に設定します❷。【マルチ01】、【マルチ02】、【マルチ03】、【マルチ04】と4つのシーケンスを作成します❸。【OK】ボタンをクリックすると❹、タイムラインが開きます❺。
【pic_01】～【pic_04】の素材クリップを【マルチ01】～【マルチ04】のそれぞれのシーケンスに配置します❻。

Section 4-5 縦動画の作り方

◉ TIPS 分割画面（マルチ画面）の設定

分割画面（マルチ画面）は、複数の情報を一度に表示させたいときに便利な手法です。ここでは、【フレームサイズ】ダイアログボックスの【フレームサイズ】で【横：1080】、【縦：1920】の画面での分割画面のサイズ設定を説明します。
「3分割画面」の場合は分割画面を縦に3つ並べるので、【横：1080】、【縦：640】（1920÷3）に設定します **1**。

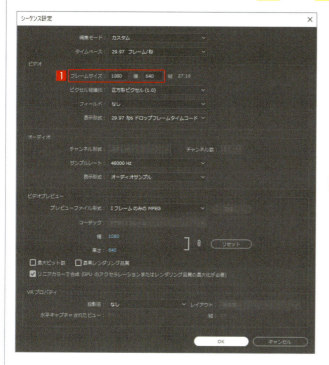

「4分割画面」の場合は分割画面を縦と横にそれぞれ2列並べるので、【横：540】（1080÷2）、【縦：960】（1920÷2）に設定します **2**。フレームサイズの縦と横が同じ数字で割り切れると、同じサイズの複数のフレームで分割画面が作成できます。

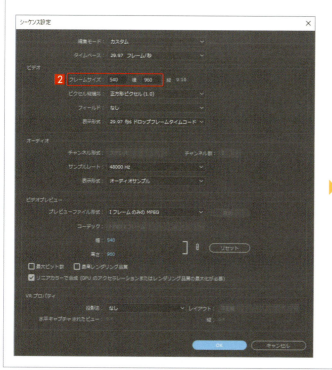

265

10 アニメーションを設定する

【マルチ01】〜【マルチ04】にそれぞれアニメーションを設定します。
【マルチ01】のアニメーションを設定します。【位置】の左にある【アニメーションのオン/オフ】アイコン◎をクリックして❶、【マルチ01】の開始ポイントに【位置】のX軸を【148】、Y軸を【445】でキーフレームを設定します❷。

【マルチ01】の終了ポイントに【位置】のX軸を【290】、Y軸を【445】でキーフレームを設定します❸。
【スケール】を【55】に設定します❹。

【マルチ02】のアニメーションを設定します。
【位置】の左にある【アニメーションのオン/オフ】アイコン◎をクリックして❺、【マルチ02】の開始ポイントに【位置】のX軸を【240】、Y軸を【442】にしてキーフレームを設定します❻。

【マルチ02】の終了ポイントに【位置】をX軸を【240】、Y軸を【478】でキーフレームを設定します7。
【スケール】を【43】に設定します8。

【マルチ03】のアニメーションを設定します。
【スケール】の左にある【アニメーションのオン/オフ】アイコンをクリックして9、【マルチ03】の開始ポイントに【スケール】【46】でキーフレームを設定します10。

【マルチ03】の終了ポイントに【スケール】【40】でキーフレームを設定します11。
【位置】のX軸を【247】、Y軸を【480】にして設定します12。

【マルチ04】のアニメーションを設定します。
【位置】の左にある【アニメーションのオン/オフ】アイコン をクリックして13、【マルチ04】の開始ポイントに【位置】のX軸を【1】、Y軸を【510】でキーフレームを設定します14。

【マルチ04】の終了ポイントに【位置】のX軸を【149】、Y軸を【510】でキーフレームを設定します15。
【スケール】を【42】に設定します16。

Section 4-5 縦動画の作り方

これで、【マルチ01】【マルチ02】【マルチ03】【マルチ04】それぞれのクリップにアニメーションが設定されました。

Preview

ゆっくり左から右へ移動

ゆっくり上から下へ移動

ゆっくり左から右へ移動

ゆっくりズームアウト

【edit】に戻って【pic_01】〜【pic_04】と4つのグラフィックトラックをすべて選択し、【時間インジケーター】を【00;00;05;00】の位置に移動します。【プロジェクト】パネルにあるシーケンス【マルチ01】〜【マルチ04】を【pic_01】の手前にある【V1】〜【V4】トラックにそれぞれドラッグ＆ドロップして配置します17。

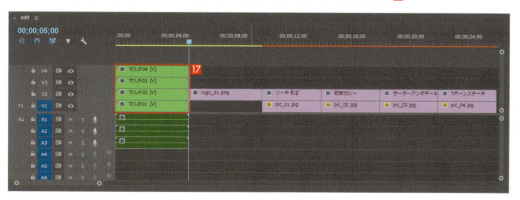

TIPS クリップの不一致に関する警告

【クリップの不一致に関する警告】ダイアログボックスが表示された場合は、【現在の設定を維持】ボタンをクリックします。

各シーケンスの【位置】を【マルチ01】は【270,480】 18 、【マルチ02】は【810,480】 19 、【マルチ03】は【270,1440】 20 、【マルチ04】は【810,1440】 21 にそれぞれ設定します。

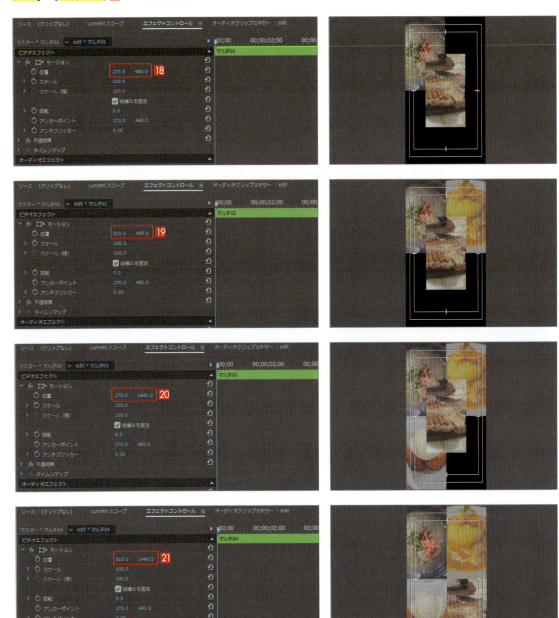

これで、オープニングカットのベースになる4分割マルチ画面が出来上がりました。

Section 4-5 縦動画の作り方

さらに、【マルチ01】～【マルチ04】のシーケンスをネスト化します22。【名前】は【オープニング】に変更します23。
【オープニング】シーケンスの0フレーム目に【時間インジケーター】を移動してから24、【V2】トラックに【logo_01.png】を配置します25。

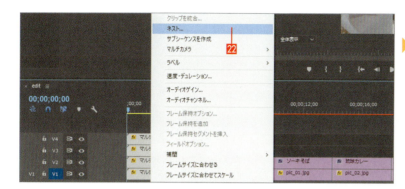

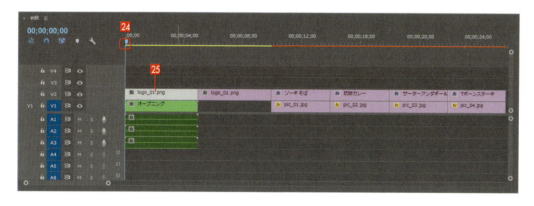

これで、縦動画の完成です。

271

11 動画クリップを書き出す

【ファイル】メニューの【書き出し】から【メディア】（Ctrl+Mキー）を選択すると、【書き出し設定】ダイアログボックスが表示されます。

ここでは、Facebookの投稿に推奨されている設定で書き出します。

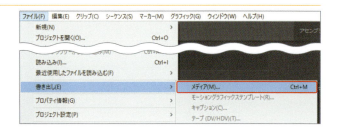

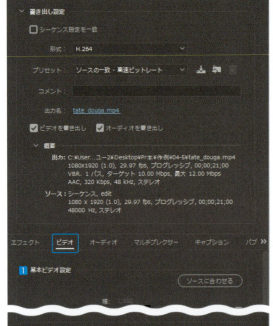

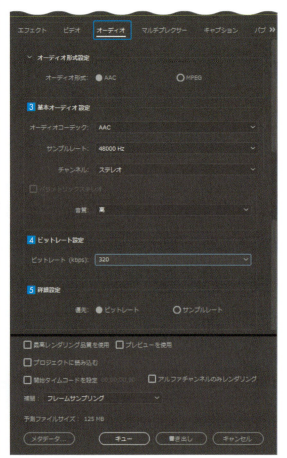

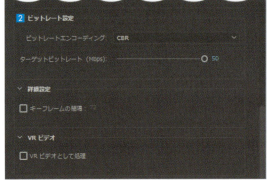

書き出し設定
- 形式：H.264
- プリセット：ソースの一致・高速ビットレート
- 出力名：tate_douga.mp4
- ビデオを書き出し／オーディオを書き出し：チェックを入れる

「ビデオ」タブ
1 基本ビデオ設定
- デフォルト

2 ビットレート設定
- ビットレートエンコーディング：CBR
- ターゲットビットレート(Mbps)：50

「オーディオ」タブ
3 基本オーディオ設定
- オーディオコーデック：AAC
- サンプルレート：48000Hz
- チャンネル：ステレオ
- 音質：高

4 ビットレート設定
- ビットレート(kbps)：320

5 詳細設定
- 優先：ビットレート

以上の設定が終了したら、【書き出し】ボタンをクリックすると6、レンダリングが開始されます7。

Preview

これで、縦型動画の完成です。
書き出されたクリップのプロパティを確認しておきましょう 8 。

● TIPS　正方形の動画を作成する

Instagramのような正方形の動画を作成するには、【新規シーケンス設定】ダイアログボックスの【編集モード】で【カスタム】を選択し 1 、【フレームサイズ】を【縦：1080】【横：1080】に設定して 2 、【正方形ピクセル (1.0)】を選択します 3 。

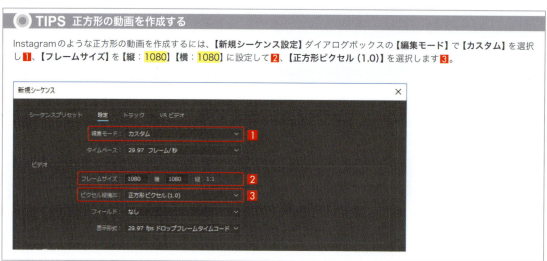

● TIPS　SNSで使用する縦動画の書き出し設定

▶ Instagram投稿に最適な画像サイズ
・幅：1080px、高さ：1350px（アスペクト比 4:5）
・.mp4、.mov
・推奨オーディオコーデック：AAC 128kbps以上
・最大ファイルサイズ：4GB

▶ Facebook投稿に最適な画像サイズ
・幅1080px、高さ1920px（アスペクト比 9:16）
・h.264、mp4、またはmov
・オーディオ　AAC1 28kbps以上
・最大ファイルサイズ：4GB以内

Section 4-6 イラストアニメーションの作り方

イラストアニメーションの作り方

最後に、Illustratorで作成した静止画のイラスト素材を動かして、Premiere Proでアニメーションを制作してみましょう。この手法は、アニメ制作だけでなくVコン（ビデオコンテ）制作にも使われる手法です。

01 新規プロジェクトの作成

【ファイル】メニューの【新規】から【プロジェクト】（ Ctrl + Alt + N キー）を選択します 1 。
【新規プロジェクト】ダイアログボックスの【名前】と【場所】を設定します。
ここでは【名前：4-6】として 2 、【OK】ボタンをクリックします 3 。

02 新規シーケンスの作成

【ファイル】メニューの【新規】から【シーケンス】（Ctrl+Nキー）を選択します■1。
【新規シーケンス】ダイアログボックスの【シーケンスプリセット】タブから【AVCHD】➡【1080p】を開き■2、
【AVCHD 1080p30】を選択します■3。
【シーケンス名】に【cut_01】と入力して■4、【OK】ボタンをクリックすると■5、タイムラインが開きます。

03 素材の読み込みと配置

【ファイル】メニューの【読み込み】（Ctrl+Iキー）を選択します■1。
【読み込み】ダイアログボックスで素材のフォルダー【4-6】からすべてのファイルを選択して■2、【開く】ボタンをクリックすると■3、【プロジェクト】パネルに7つの素材が読み込まれます。

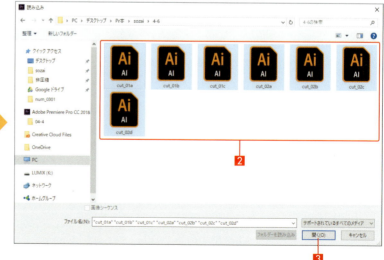

TIPS Premiere Proの読み込みファイル形式

Premiere Proでは、静止画像ファイルは【.jpg】【.psd】【.png】【.tiff】以外に、Illustratorの【.ai】ファイルを読み込ませることができます。

04 アニメーション「カット１」の制作

【cut_01a.ai】を【タイムライン】パネルの【V1】トラックの0秒にドラッグ＆ドロップして配置します ①。配置と大きさを調整します。

【タイムライン】パネルの【cut_01a.ai】を選択し ②、【エフェクトコントロール】パネル（Shift＋5キー）を開きます。

【モーション】タブを開き ③、【位置】と【スケール】で配置を調整します ④。

【モーション】を選択する ⑤ と表示される【プログラム】モニターパネルの【アンカーポイント】をドラッグして、顔の中央辺りに移動します ⑥。

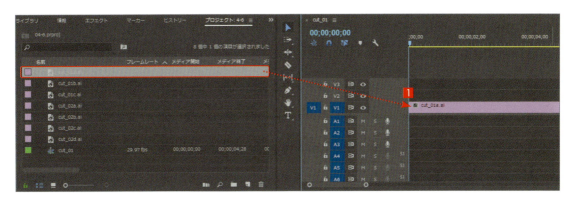

作例の設定

【位置：72】
【スケール：960.0　430.0】
【アンカーポイント：1920.0　920.0】

【時間インジケーター】を【0秒】に移動します❶。
【スケール】の【アニメーションのオン/オフ】アイコンをクリックして❷、キーフレームを設定します❸。
【時間インジケーター】を【3秒】に移動して❹、【スケール】の数値に【75】を入力します❺。

これで、3秒かけてスケールが72%〜75%にゆっくり拡大していくアニメーションが設定できました。

顔の部分をアップする

次は、一気に顔の部分をアップします。
【時間インジケーター】を【3秒3フレーム】に移動して❶、【スケール】の数値に【130】を入力します❷。
【cut_01a.ai】トラックの右端を左にドラッグして、長さを【3秒3フレーム】までに設定します❸。

【プロジェクト】パネルにある【cut_01b.ai】を【タイムライン】パネルの【cut_01a.ai】の後ろにドラッグ＆ドロップして配置します❹。
【cut_01b.ai】の配置を【cut_01a.ai】に合わせます。
【cut_01a.ai】を選択して❺、【エフェクトコントロール】パネル（Shift＋5キー）の【モーション】を選択し、【編集】メニューから【コピー】（Ctrl＋Cキー）を選択します❻。
【cut_01b.ai】を選択して❼、【エフェクトコントロール】パネル（Shift＋5キー）の【モーション】を選択し、【編集】メニューから【ペースト】（Ctrl＋Vキー）を選択します❽。
【スケール】の【アニメーションのオン/オフ】アイコン◎をクリックしてアニメーションを解除し❾、数値に【130】を入力すると❿、配置を合わせることができます。

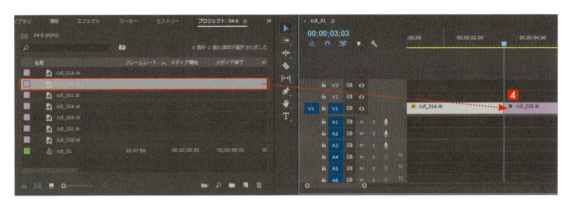

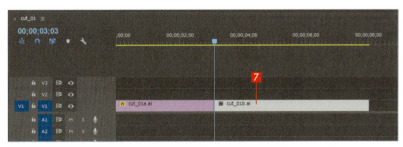

再生して確認すると、顔に一気にアップすると目覚めるアニメーションが完成しました。

Preview

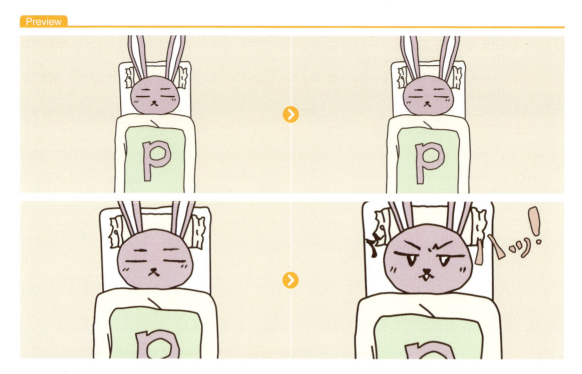

【時間インジケーター】■を【4秒】に移動して11、【cut_01b.ai】トラックの右端をドラッグし、長さを【4秒】に設定します12。

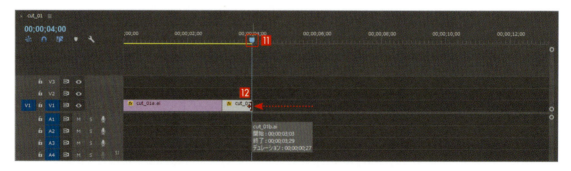

【モーション】をコピー＆ペーストする

続けて、アニメーションを作成します。

【プロジェクト】パネルの【cut_01c.ai】を【タイムライン】パネルの【cut_01b.ai】トラックの後ろにドラッグ＆ドロップして配置します1。

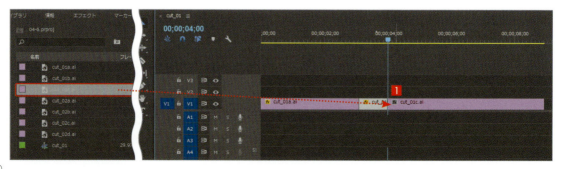

Section 4-6 イラストアニメーションの作り方

【cut_01c.ai】の配置を【cut_01b.ai】に合わせます。
【cut_01b.ai】を選択して ❷、【エフェクトコントロール】パネル（Shift + 5 キー）の【モーション】を選択し、【編集】メニューから【コピー】（Ctrl + C キー）を選択します ❸。
【cut_01c.ai】を選択して ❹、【エフェクトコントロール】パネル（Shift + 5 キー）の【モーション】を選択し、【編集】メニューから【ペースト】（Ctrl + V キー）を選択します ❺。

動きを加える

次に【cut_01c.ai】に動きを設定します。

【時間インジケーター】を【4秒】に移動して ❶、【cut_01c.ai】を選択し ❷、【エフェクトコントロール】パネル（Shift + 5 キー）の【モーション】の【位置】にある【アニメーションのオン / オフ】アイコンをクリックして ❸、キーフレームを設定します ❹。

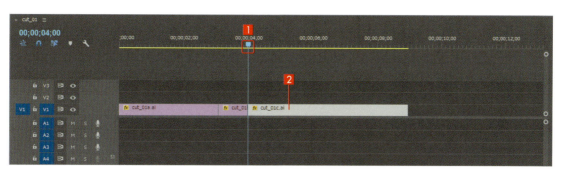

281

【時間インジケーター】■を2フレーム進めた【4秒2フレーム】に移動し **5**、表示位置を少し右上に移動します **6**。
さらに2フレーム進めて **7**、表示位置を少し左下に移動します **8**。
さらに2フレーム進めて **9**、表示位置を少し右下に移動します **10**。
さらに2フレーム進めて **11**、表示位置を少し左下に移動します **12**。ランダムに揺らすように設定します。

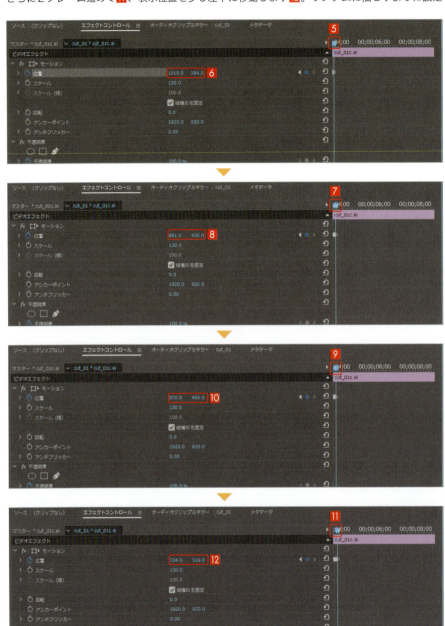

さらに2フレーム進めて、最初の表示位置に戻します⓭。一つ目のキーフレームを選択し⓮、**【編集】メニューから【コピー】**（ Ctrl + C キー）を選択します⓯。

そのまま、**【編集】メニューから【ペースト】**（ Ctrl + V キー）を選択します⓰。

再生して確認すると、画面が揺れてベッドから飛び出した表現まで完成しました。

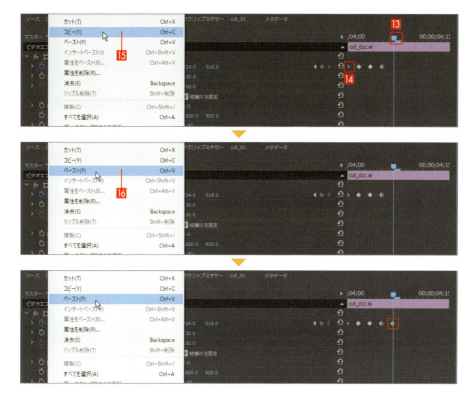

これで、「**カット1**」が完成しました。

Preview

05 「カット2」の制作

【ファイル】メニューの【新規】から【シーケンス】（Ctrl＋Nキー）を選択します 1。

【新規シーケンス】ダイアログボックスの【シーケンスプリセット】タブを選択して 2、【AVCHD】→【1080p】を開き、【AVCHD 1080p30】を選択します 3。
【シーケンス名】に【cut_02】と入力して 4、【OK】ボタンをクリックすると 5、【タイムライン】パネルが開きます。

【タイムライン】パネルに「カット2」の素材を配置します。
【cut_02d.ai】を【タイムライン】パネルの【V1】トラックの0秒にドラッグ＆ドロップして配置します 6。

同様に、【cut_02c.ai】を【V2】トラック、【cut_02b.ai】を【V3】トラック、【cut_02a.ai】を【V4】トラックにそれぞれ配置します 7。

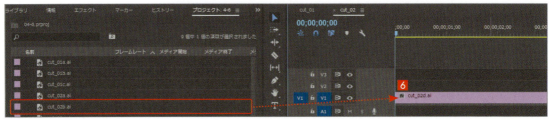

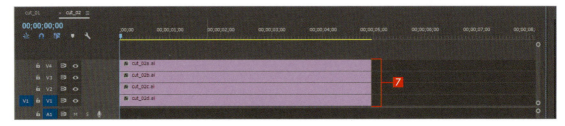

Section 4-6 イラストアニメーションの作り方

作例の設定

背景（cut_02a.ai）：【位置：100】／【スケール：960.0　540.0】
セリフ（cut_02b.ai）：【位置：100】／【スケール：1600.0　700.0】
アイコン（cut_02c.ai）：【位置：140】／【スケール：290.0　290.0】
キャラクター（cut_02d.ai）：【位置：100】／【スケール：960.0　540.0】

【時間インジケーター】を【5フレーム】に移動して❶、【cut_02a.ai】を選択し❷、【エフェクトコントロール】パネル（Shift＋5キー）の【モーション】の【位置】にある【アニメーションのオン/オフ】アイコンをクリックして❸、キーフレームを設定します❹。

【時間インジケーター】を【0秒】に移動して❺、【位置】の【Y軸】の数値に【370】を入力し❻、少し上に移動します。

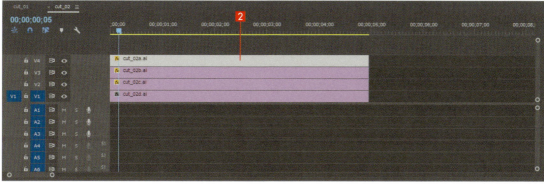

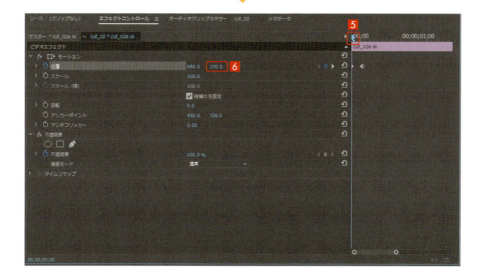

285

再生して確認すると、下に移動することで着地したアニメーションができました。

Preview

アイコンとセリフのタイミングを合わせる

次に、アイコンとセリフが着地と同時に出現するように設定します。

【時間インジケーター】を【5フレーム】に移動し❶、【cut_02b.ai】と【cut_02c.ai】の左端をドラッグして、開始位置を【5フレーム】に設定します❷。

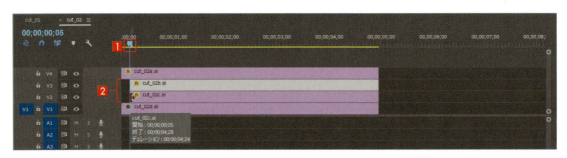

アイコンに回転のアニメーションを設定します。

【時間インジケーター】を【5フレーム】に移動し❸、【cut_02b.ai】を選択して【エフェクトコントロール】パネル（Shift + 5 キー）の【モーション】の【回転】にある【アニメーションのオン/オフ】アイコンをクリックして❹、キーフレームを設定します❺。

【時間インジケーター】を【4秒28フレーム】に移動し❻、【回転】の数値に【90】を入力します❼。

これでアイコンが回転するようになりました。

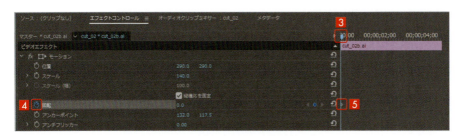

Section 4-6 イラストアニメーションの作り方

キャラクターが、ゆっくりズームするように設定します。
【時間インジケーター】を【0秒5フレーム】に移動します⑧。
【cut_02a.ai】を選択して、【エフェクトコントロール】パネルの【モーション】の【スケール】にある【アニメーションのオン/オフ】アイコンをクリックして⑨、キーフレームを設定します⑩。
【時間インジケーター】を【4秒28フレーム】に移動し⑪、【スケール】の数値に【103】を入力します⑫。

これで、「**カット2**」が完成しました。

Preview

287

06 カットをつないでシーンに組み立てる

「**カット1**」と「**カット2**」を繋いで1本の動画にします。

新規シーケンスの作成

【**ファイル**】メニューの【**新規**】から【**シーケンス**】（Ctrl + N キー）を選択します 1 。

【**新規シーケンス**】ダイアログボックスの【**シーケンスプリセット**】タブを選択して 2 、【**AVCHD**】→【**1080p**】を開き、【**AVCHD 1080p30**】を選択します 3 。
【**シーケンス名**】に【edit】と入力して 4 、【**OK**】ボタンをクリックすると 5 、タイムラインが開きます。

【**タイムライン**】パネルに「**カット1**」のシーケンスを配置します。【**プロジェクト**】パネルの【cut_01】を【**タイムライン**】パネルの【V1】トラックの0秒にドラッグ&ドロップして配置します 6 。

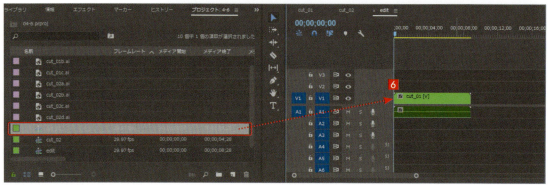

「**カット1**」の長さを5秒にします。
【**時間インジケーター**】を【5秒】に移動して 7 、【cut_01】の右端をドラッグして終了位置を【5秒】に設定します 8 。
【**プロジェクト**】パネルの【cut_02】を【cut_01】の後ろにドラッグ＆ドロップして配置します 9 。

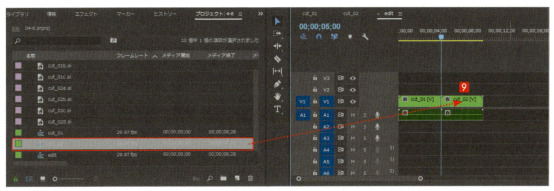

これで、イラストアニメーションが完成しました。

Preview

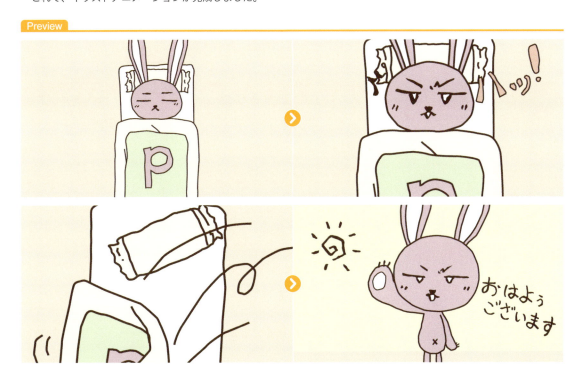

主に使用するショートカットキー

ショートカットキーを使用する場合は、【半角英数】モードで入力する必要があります。また、キーボードの設定によって異なる場合もあります。

ファイル関連	Windows	macOS
新規プロジェクト	Ctrl + Alt + N キー	option + ⌘ + N キー
新規シーケンス	Ctrl + N キー	⌘ + N キー
ビン	Ctrl + B キー	⌘ + / (スラッシュ)キー
タイトル	Ctrl + T キー	⌘ + T キー
保存	Ctrl + S キー	⌘ + S キー
別名で保存	Ctrl + Shift + S キー	shift + ⌘ + S キー
ファイルの読み込み	Ctrl + I (アルファベット：アイ)キー	⌘ + I キー

編集関連	Windows	macOS
取り消し	Ctrl + Z キー	⌘ + Z キー
やり直し	Ctrl + Shift + Z キー	shift + ⌘ + Z キー
カット	Ctrl + X キー	⌘ + X キー
コピー	Ctrl + C キー	⌘ + C キー
ペースト	Ctrl + V キー	⌘ + V キー
インサートペースト	Ctrl + Shift + V キー	shift + ⌘ + V キー
属性をペースト	Ctrl + Alt + V キー	option + ⌘ + V キー
消去	Delete キー	delete キー
リップル削除	Shift + Delete キー	option + delete キー
すべてを選択	Ctrl + A キー	⌘ + A キー
すべてを選択解除	Ctrl + Shift + A キー	shift + ⌘ + A キー
速度・デュレーション	Ctrl + R キー	⌘ + R キー
有効	Shift + E キー	なし
リンク	Ctrl + L キー	⌘ + L キー
グループ	Ctrl + G キー	⌘ + G キー
グループ解除	Ctrl + Shift + G キー	shift + ⌘ + G キー
ワークエリアでエフェクトをレンダリング／インからアウト	Enter キー	return キー（または enter キー）
ズームイン	なし	^ (ハット記号)キー
ズームアウト	- (ハイフン記号)キー	- キー
スナップ	S キー	S キー
前のフレーム	← キー	← キー
5フレーム前へ戻る	Shift + ← キー	shift + ← キー

次のフレーム	⇥ キー	⇥ キー
5 フレーム先へ進む	Shift + ⇥ キー	shift + ⇥ キー
早送り	L キー	L キー
巻き戻し	J キー	J キー
再生/停止	space キー	space キー

マーカー関連	Windows	macOS
インをマーク	I （アルファベット：アイ）キー	I キー
アウトをマーク	O （アルファベット：オー）キー	O キー
インを消去	Ctrl + Shift + I （アイ）キー	option + I キー
アウトを消去	Ctrl + Shift + O （オー）キー	option + O キー
インポイントとアウトポイントを消去	Ctrl + Shift + X キー	option + X キー
マーカーを追加	M キー	M キー
次のマーカーへ移動	Shift + M キー	shift + M キー
前のマーカーへ移動	Ctrl + Shift + M キー	shift + ⌘ + M キー
選択したマーカーを消去	Ctrl + Alt + M キー	option + M キー
すべてのマーカーを消去	Ctrl + Alt + Shift + M キー	option + ⌘ + M キー

ツール関連	Windows	macOS
選択ツール ▶	V キー	V キー
トラックの前方選択ツール ⇥	A キー	A キー
トラックの後方選択ツール ⬅	Shift + A キー	shift + A キー
リップルツール ⬌	B キー	B キー
ローリングツール ⌗	N キー	N キー
レート調整ツール ⬒	R キー	R キー
レーザーツール ◇	C キー	C キー
スリップツール ⬓	Y キー	Y キー
スライドツール ⬔	U キー	U キー
ペンツール ✎	P キー	P キー
手のひらツール ✋	H キー	H キー
ズームツール 🔍	Z キー	Z キー
横書き文字ツール T	T キー	T キー

INDEX

拡張子

.m2v	94
.m4v	95
.mov	97
.mp4	93
.prproj	12
.wmv	96

数字

360度VR表示	236
4K	56

A

Adobe Creative Cloud	7, 10, 52
Adobe Dynamic Link	52
Adobe Media Encorder CC	89, 98
Adobe Typekit	7
After Effects	10, 52
After Effectsコンポジションに置き換え	52

H

H.264	38
HD	16
HSLセカンダリ	124

L

Log撮影	118
LOOK	121
Lumetriカラー	72
LUT	119

M

Multiband Compressor	80

R

RGBカーブ	123

U

Ultraキー	195

V

VR	235
VRビデオ表示を切り替え	236
VR回転（球）	238
VR平面として投影	242

W

WBセレクター	120

X

X軸	66

Y

YouTube 1080p HD	39
Y軸	66

あ行

アウト点	88
アクションセーフ	216
アニメーション	275
アニメーションのオン/オフ	172, 208, 223, 248, 258, 278
アルファチャンネル	197
アンカーポイント	277
イコライザー	79
位置	66, 225, 277
イマーシブビデオ	238
色温度	72, 120
色かぶり補正	72
インからアウトをレンダリング	36
インサート編集	59
インターフェイス	13, 14
イン点	88
イーズイン	179
エクイレクタンギュラー	235, 245
エッセンシャルグラフィックス	113, 166, 218, 240, 252
【エフェクトコントロール】パネル	26, 34
音楽	33
オーディオエフェクト	32, 34, 78
オーディオゲイン	77
オーディオ設定	92
オーディオマスターメーター	13

か行

書き出し	38, 88, 98
書き出し設定	90, 99, 244, 272
【書き出し設定】パネル	38
カット編集	20, 56
カラーグレーディング	118
カラーホイール	123
カラーマット	68
カーブ	123
基本補正	119
ギャップ	21
キュー	98
キーイング	195, 197
キーカラー	195
キーフレームの追加/削除	143, 199
グラフィック	113
クリエイティブ	121
クリップ	18
クリップに最適な新規シーケンス	107
クリップの不一致に関する警告	270
クロスディゾルブ	137
黒レベル	120
警告ダイアログボックス	49
ゲイン	83

コンスタントパワー	84, 85, 86, 137
コントラスト	75
コンポジット	198

さ行

最高レンダリング品質を使用	39
彩度	76, 120
削除	24
シェイプ	222, 256
時間インジケーター	18
色相/彩度カーブ	123
自動保存	37
シャドウ色相調整	122
収集	51
周波数	80
縮小・拡大	31
出力	198
出力名	39
処理済みのクリップ	106
ショートカットキー	7, 290
ショートカットメニュー	30, 41, 52
白レベル	120
新規ビン	41
新規プロジェクト	12
シーケンス	16, 17
シーケンスプリセット	16
スケール	66, 172, 230, 249, 277
スタイライズ	153
ステータスバー	13
ストローク	209
スナップ	20
すべてオフライン	48
スポイト	72, 195
スロー	142
ズームツール	46
正方形	274
整列と変形	241
【設定】ボタン	108
選択ツール	24, 43, 44
セーフマージン	217
属性をペースト	67, 69, 74, 81
速度	141
【ソース】モニターグループ	13

た行

【タイムライン】パネル	13, 18
タイムリマップ	138
楕円形マスク	65
楕円ツール	45
縦書き文字ツール	47
縦動画	246, 274
調整レイヤー	129, 207
長方形ツール	202, 224
ツールバー	13
適応ノイズリダクション	78
手のひらツール	46

デフォルトのトランジションを適用	30, 34, 71, 137
手ブレ補正	144
テロップ	25
同期ポイント	105
トラッキング	155
トラック出力の切り替え	207
トラックの後方選択ツール	43
トラックの前方選択ツール	43
トラックのターゲット	71
トラックの追加	61
トラックをミュート	59, 194
トランジション	258
トランスフォーム	225
ドロップシャドウ	29, 210
トーン	75, 120

な行

ネスト	108
ノイズを除去	78
ノーマライズ	77

は行

ハイビジョン	10
ハイライト	75, 120
ハイライト色相調整	122
バックグラウンド	100
バッチ	100
パラメトリックイコライザー	79
ピクチャー・イン・ピクチャー	64
ビットレート	245
ビットレート設定	92
【ビデオエフェクト】	130
ビデオレンダリング	13
ビネット	125
ビン	41
【ファイル】メニュー	15
ファイルをコピーして収集	51
フェード	30, 34, 84
フォント	26
複製	42, 99
不透明度	65
ブラシアニメーション	183
ブラー（滑らか）	208
プリセット	39
フリーズフレーム	156
フレームサイズ	56
フレームを書き出し	159
【プログラム】モニターパネル	13, 18
プロジェクト	16
【プロジェクト】パネル	17, 18
【プロジェクト】パネルグループ	13
プロジェクトマネージャー	51
プロジェクトを開く	15
別名で保存	15
変換終了	258
編集点を追加	236

ペンツール	45, 161, 220
保存	15
ボタンエディター	105, 236
ボリューム	32
ホワイトバランス	72, 120

ま行

マスク	65, 154, 161
マスクの拡張	154
マスクパス	161
マットの生成	198
マルチカメラ	108
マルチカメラ記録開始/停止	110
マルチカメラシーケンス	105
マルチカメラ表示を切り替え	113
マルチカメラプレビューモニター	109
マルチカメラ編集	102
マルチ画面	264, 265
メディアをリンク	48, 49, 50
メニューバー	13
モザイク	150
モーション	204, 280

や行

横書き文字ツール	25, 47, 70
読み込み	17
読み込みファイル形式	276

ら行

リップル	58
リニアワイプ	258
リミッター	80
リンク	48
リンク解除	85
レガシータイトル	182, 202
レベル	32, 34, 83
レンズフレア	232
レンダリング	36, 148
レンダリングバー	36
レーザーツール	23, 44, 56, 107
露光量	75, 120

わ行

ワイプ効果	64
ワークエリアバー	148
ワークスペース	14, 72
ワークスペースのリセット	14
【ワークスペース】パネル	13
ワープスタビライザーVFX	147

著者紹介

● 川原 健太郎 (かわはら けんたろう)

シンユー合同会社 代表
1982年2月22日生まれ。兵庫県神戸市出身。動画マーケティングの専門家。
動画を使ったプロモーションや販促の戦略構築と動画制作を一貫して行う。
動画を作れる人材を探していた広告企画会社の社長との出会いをきっかけに、25歳で映像制作「シンユー / エルコット」を独立開業し、広告動画の道へ進む。
その中で、「商品を売るための動画」「成果を上げるための動画」について研究するようになり、現在、動画マーケティングの企画制作を行う。
また、映像制作ウェビナー「TORAERA」で講師、「AfterEffects User Group for Japan」の管理人としても活動中。

● 鈴木 成治 (すずき せいじ)

シンユー合同会社 映像エディター
1981年8月4日生まれ。京都府京都市出身。
ブライダルの音響、映像業務をきっかけに動画制作に興味を持ち映像業界へと足を踏み入れる。
現在、映像エディターとして編集をメインに活動中。

● 月足 直人 (つきあし なおと)

シンユー合同会社 映像ディレクター
1981年生まれ、神戸出身。
関西のテレビ番組でアシスタント・ディレクターを経て上京。CMの制作プロダクションに在籍する。以後、独立し、映画・CM・バラエティ・ハウツーといったさまざまなジャンルの企画演出を行う。「Hunger Z」で商業映画デビュー。現在様々な映像コンテンツを制作中。
個人では『プロが教える！ Final Cut Pro X デジタル映像 編集講座』、共著として『Final Cut Pro X スーパーリファレンス for Macintosh』や『Adobe After Effects CC/CS6 スーパーテクニック』、またSHIN-YUの著作として『プロが教える！ After Effects デジタル映像制作講座 CC/CS6対応』や『iPhoneで撮影・編集・投稿 YouTube動画編集 養成講座』(すべて、ソーテック社)など、映像ソフトの参考書も執筆。

Special Thanks

モデル：杏果
　　　　宮崎 明葉
　　　　宮崎 圭介
　　　　イク(犬)
　　　　ナドレ(猫)
イラスト：川原 奈々恵
撮影協力：プロ機材ドットコム
　　　　　チキンバル Yu-CHIKI

プロが教える！Premiere Pro
デジタル映像 編集講座 CC対応

2018年4月10日	初版　第1刷発行
2020年2月20日	初版　第4刷発行
著　者	SHIN-YU（川原健太郎・鈴木成治・月足直人）
装　幀	広田正康
発行人	柳澤淳一
編集人	久保田賢二
発行所	株式会社ソーテック社
	〒102-0072　東京都千代田区飯田橋4-9-5　スギタビル4F
	電話（注文専用）03-3262-5320　FAX03-3262-5326
印刷所	大日本印刷株式会社

© 2018 SHIN-YU
Printed in Japan
ISBN978-4-8007-1200-4

本書の一部または全部について個人で使用する以外、著作権上、株式会社ソーテック社および著作権者
の承諾を得ずに無断で複写・複製することは禁じられています。
本書に対する質問は電話では受け付けておりません。内容の誤り、内容についての質問がございましたら、
切手・返信用封筒を同封の上、弊社までご送付ください。乱丁・落丁本はお取り替えいたします。

本書のご感想・ご意見・ご指摘は
http://www.sotechsha.co.jp/dokusha/
にて受け付けております。Webサイトでは質問は一切受け付けておりません。